有關物理的那些事

培育文化　益智館 25

有關物理的那些事

編著　潘宗佑
責任編輯　汪曉君
內文排版　王國卿
封面設計　林鈺恆

出版者　培育文化事業有限公司
信箱　yungjiuh@ms45.hinet.net
地址　新北市汐止區大同路3段194號9樓之1
電話　（02）8647-3663
傳真　（02）8674-3660
劃撥帳號　18669219
CVS代理　美璟文化有限公司
TEL／(02)27239968
FAX／(02)27239668

總經銷：永續圖書有限公司

永續圖書線上購物網
www.foreverbooks.com.tw

法律顧問　方圓法律事務所　涂成樞律師
出版日期　2018年10月

國家圖書館出版品預行編目資料

有關物理的那些事 / 潘宗佑編著.-- 初版.
　-- 新北市：培育文化，民107.10
　　面；　公分. --（益智館；25）
　　ISBN 978-986-96179-7-0（平裝）

1. 物理學　2. 通俗作品

330　　　　　　　　　　　　107013703

PART 1 有關力學的故事

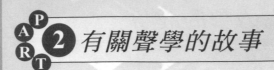

PART 2 有關聲學的故事

PART 3 有關光學的故事

PART 4 有關大氣的故事

PART 5 有關電學的故事

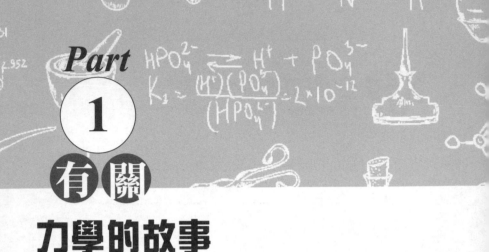

Part 1

有 關
力學的故事

力學又稱經典力學，是研究一般尺寸的物體在受力情況下的形變，以及速度遠低於光速的運動過程的物理學分支。力學知識最早起源於對自然現象的觀察和生產勞動中的經驗。牛頓運動定律的建立標誌著力學開始成為一門科學。

力學不僅是一門基礎科學，同時也是一門技術科學，它是許多工程技術的理論基礎，又在廣泛的應用過程中不斷得到發展。力學是物理學、天文學以及許多工程學的基礎。機械、建築結構、航天器和船艦等的設計都必須以經典力學為基本依據。

力學可粗分為靜力學、運動學和動力學三部分。靜力學研究力的平衡或物體的靜止問題；運動學只考慮物體怎樣運動；動力學討論物體運動和所受力的關係。

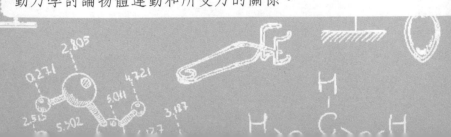

01 死海不死

你知道死海嗎？那是西亞一個非常有名的地方。那個時候國家與國家之間經常發生戰爭，戰爭失敗後被抓住的俘虜，身體強壯的就留下做奴隸，身體差的就全部處死。

有一次戰爭之後，他們抓了許多的俘虜，這時一位將軍就把決定處死的俘虜全部扔到死海裡淹死。當俘虜被扔進死海後，讓人吃驚的事情發生了，那些人總是浮在海面上，就是不沉入海裡。這位將軍很生氣地說，把他們都綁上大石頭，然後再往海裡扔。將軍心想，這回他們肯定會死了。但是結果令所有的人都沒有想到，那些俘虜仍然浮在海面上，沒有被淹死。後來，那位將軍認為是上帝不讓俘虜死，心想如果繼續堅持處死俘虜的話，上帝一定會懲罰自己，所以就決定放了他們。

事情經過很多年以後，人們才知道，那根本就不是上帝的「旨意」，因為死海裡的鹽分含量相當大，所以死海的密度很大，浮力也就大得驚人。人被扔進去後，

總是浮在海面上，不會沉入海裡，即使綁上石頭也不會沉下去，所以也就不會被淹死了。

 知 識 點 睛

　　木頭為什麼能夠浮在水面，而鐵塊不行呢？那是因為木頭的密度比水小，鐵塊的密度比水的密度大的緣故。

 眼 界 大 開

　　死海是一個叫海的湖。死海位於亞洲的西部，湖面比海平面低422公尺，是世界上最低的湖泊。死海的含鹽量高達23％～25％，由於湖水的含鹽量高，湖水的比重已經超過了人身體的比重，所以跳進湖裡的人會浮在水面上，不會游泳的人在死海裡也不會被淹死。

　　既然人都淹不死，為什麼還叫它死海呢？這是因為湖水太鹹，不但湖裡沒有魚蝦，連湖邊也不長草，鳥更不會飛到這裡來，整個湖區死氣沉沉，沒有一點生氣，所以得到一個死海的名字。

02 雜技團的祕密

　　個小城鎮裡來了一個雜技團，每天都表演一些驚人的動作。小明與小涵聽說之後就立即去看，一進去，就見一個人用硬氣功表演「刀砍不傷」的節目。表演開始，氣功師一般都舉起刀來，就地取材，在案板上剁斷五根木筷，讓被砍斷的木筷飛濺一地；然後，氣功師又猛然躍起，操刀砍下兩根指頭粗細的樹枝，削蘿蔔、剁木頭，讓觀眾的心緊縮，相信這把刀是鋒利無比的真刀。

　　接下來，氣功師玩「真」的了。把上身的衣服脫光，露出一身強壯的肌肉，這是常年鍛鍊的結果。這些表演者都擺出一副強悍的姿態，使右手持刀，運氣於左胸，胸大肌高高凸起繃緊。氣功師揮起大刀，死命地朝左胸砍去，人們只聽見「嗵嗵嗵」直響，可是氣功師的胸上除了有點紅印外，連一點傷痕也沒有。等氣功師表演完了，小明和小涵上前察看，更是驚訝不已。

　　令他們疑惑的是，大刀鋒利到能砍斷一捆竹筷，劈

下一根樹枝，為什麼不會傷了皮肉？帶著這樣的疑問，他們找到自己的物理老師問了個究竟。

聽完老師的解說之後，他們才明白，原來大刀的刀尖處是鋒利的，而其他部分則是鈍的。揮刀砍下，接觸氣功師身體的那部分是鈍的，面積增大，壓強減小，再加上揮刀時有技巧，看似重砍，實為輕打。

縫衣服的時候不小心，針扎破了手指，你所受到的壓強與某些高壓鍋爐裡蒸氣的壓強相比一點也不小；手輕輕拉動刮鬍子的刀片，施加在鬍子上的壓強會達到每平方公分幾千牛頓。壓力和壓強看上去類似，實際上相去甚遠。壓強是單位面積上的壓力，針尖的面積是釘子尖面積的幾百分之一，所以，能用針縫衣服，不能用釘子來縫衣服。

壓強：P=F/S

03 救命的阻力

如果說一個飛行員從幾千公尺高的飛機上無傘跳下竟沒有摔死，你會相信嗎？然而，這的確是一個真實的故事。

第二次世界大戰中，一架襲擊德國漢堡的英國轟炸機被擊中起火。坐在飛機後座的機槍手一時拿不到放在機艙前面的降落傘，但又不想活活被燒死，於是他果斷地無傘跳出了機艙。

他剛剛離開，飛機就爆炸了。這時飛機的高度是5500公尺。一分半鐘以後，他就像一列高速急駛的列車，以每小時200公里的速度飛快地向地面落去。

當他從昏迷中醒來的時候，發現自己並沒有摔死，只是皮膚被劃破，有多處地方被挫傷。聞訊趕來的德國人也感到驚嘆不已，他們對所有的資料進行了精確的測量，這都是一個奇蹟。

從飛機上無傘下落沒有摔死的事例不只這一例。後來，人們經過分析才發現，機槍手下墜時幸運地掉在了

松樹叢林裡，而離他不遠就是開闊的平原。他先在松樹叢上砸了一下，然後掉在積雪很深的雪地上，把鬆軟的積雪砸出了一個一公尺多的深坑。這樣一來，機槍手和地面碰撞的時間被延緩了上千倍，衝力也大為減少，只有千分之幾。

當然也還有一個原因，他受到空氣阻力的保護，如果沒有空氣阻力，從5500公尺高的地方落下，落地時的速度會達到每小時180公里左右，而空氣的阻力使他的落地速度大大減少，這也是產生奇蹟的原因。這樣一分析，大家就會發現，許多沒摔死的奇蹟都有它的道理。

 知 識 點 睛

一只瓷碗從桌面上掉在水泥地面上，肯定摔得粉碎；但是落在木板地上，也許可以倖免；如果落在沙土地上，就肯定摔不壞。因為從一定高度落下的瓷碗掉到地面時動量是一定的，讓它停下來所需要的衝量也是一定的。

記住，衝量是力和時間的乘積。瓷碗跟不同的地面相碰的時候，衝擊時間大不相同：和硬的水泥地面碰撞時間只有千分之幾秒，而和沙土相碰時，時間可以延長到十分之幾秒，這就是說衝擊時間延長了上百倍，衝擊力也就減少到只有百分之一或百分之幾，這就是碗在沙土地上沒有被摔壞的原因。

 眼界大開

空氣阻力Fw是空氣對前進中的汽車形成的一種反向作用力，它的計算公式是：

$Fw=1/16 \cdot A \cdot Cw \cdot v^2$（kg）。

其中，v為行車速度，單位：m/s；A為汽車橫截面面積，單位：m^2；Cw為風阻係數。

空氣阻力跟速度成平方正比關係，也就是說，速度增加1倍，汽車受到的阻力會增加3倍。

因此高速行車對空氣阻力的影響非常明顯，車速高，發動機就要將相當一部分的動力，或者說燃油能量用於克服空氣阻力。

換句話說，空氣阻力小不僅能節約燃油，在發動機功率相同的條件下，還能達到更高的車速。空氣阻力的大小除了取決於車的速度外，還跟汽車的橫截面積A和風阻係數Cw有關。

04 都卜勒效應

我們坐火車的時候,當一列鳴著笛的火車和你乘坐的火車相遇急馳而過時,你聽到的笛聲是有變化的。你特別注意過嗎?

其實,這種變化的界限是非常明顯的。當車朝你駛來時,笛聲的音調很高,汽笛離你而去時,音調立即降低。車的速度越快,音調的變化越明顯。這種變化的發現應該感謝奧地利科學家都卜勒。

在1842年,都卜勒曾邀請音樂家在車站聽火車的笛聲變化。由於音樂家的耳朵訓練有素,他們甚至能確定1赫茲聲音頻率的變化,這在當時無精確測量儀器的情況下,對科學家是非常有意義的。後來人們為了紀念他,把這種現象叫做都卜勒效應。然而,人們會帶著疑問問道:為什麼會產生都卜勒效應呢?

音調變高,就是聲音的頻率加快。也就是說,聲音的頻率是由聲源決定的,聲源振動越快,頻率越高。

其實,我們聽到的音調的高低主要決定於每秒進入

我們耳朵的聲波數。都卜勒用一個行進的隊伍來代表一列聲波，兩個人間的距離是一個波長。當你站著不動，隊伍從你的身邊經過，每過去一個人，相當於一個聲波進入你的耳朵裡。如果你迎著隊伍行走，在相同的時間裡通過的人數增加；反過來你和隊伍同向行進，這時通過你身邊的人數變少。所以在火車迎著你開來時，相當於聲波被壓縮了，頻率變高，背離時聲波拉長了，頻率變低。

當你看到這裡之後，應該明白都卜勒效應了，在現代社會中，都卜勒效應運用十分廣泛，它用來測量運動物體的速度：員警用雷達波的都卜勒效應測量高速行駛的汽車是否超速行駛，成為超速行車的剋星。

水文學家用它測量河流的流速，在醫院裡則可以測量血液在血管裡的流速，從而對疾病進行診斷。

天文學家利用遙遠星體射來的光波頻率的微小變化，可以推知星體是向著地球運動還是背著地球運動，並且能知道星體運動的速度，從而驗證宇宙大爆炸假說。

知識點睛

蝙蝠能在黑暗的夜空中捕食飛蟲，是依靠超聲波的回聲定位原理。但是蝙蝠在空中飛，飛蟲也在飛，從蝙蝠發聲到接到回聲只是一眨眼的工夫，在這麼短的時間

內，蝙蝠不僅知道了飛蟲所在的方位，還能知道牠的飛行速度和方向，所以才能準確無誤地抓住飛蟲。

 眼界大開

都卜勒家族在奧地利的薩爾茨堡從事的石匠生意，都卜勒就出生後，按照家庭的傳統會讓他接管石匠的生意。然而他的健康狀況一直不好，相當虛弱，因此他沒有從事傳統的家族生意。都卜勒在中學學習階段，數學方面顯示出超常的水準，1825年他以各科優異的成績畢業。在這之後他回到薩爾茨堡，後去維也納大學學習高等數學，力學和天文學。

當都卜勒在1829年在維也納大學學習結束的時候，他被任命為高等數學和力學教授助理，他在四年期間發表了四篇數學論文。之後又當過工廠的會計員，然後到了布拉格一所技術中學任教，同時任布拉格理工學院的兼職講師。到了1841年，他才正式成為理工學院的數學教授。

都卜勒是一位嚴謹的老師。他曾經被學生投訴考試過於嚴厲而被學校調查。繁重的教務和沉重的壓力使都卜勒的健康每況愈下，但他的科學成就使他聞名於世。

1850年，他獲委任為維也納大學物理學院的第一任院長，可是他在三年後1853年3月17日在義大利的威尼斯去世，年僅四十九歲。

05 人造衛星會掉下來嗎

某小學帶領學生參觀天文館，孩子們都興致勃勃。解說員領著同學們來到人造衛星的面前，提出了一個問題：「同學們，你們知道我們無論向上拋什麼物體，總會落到地面，這是因為地球引力的作用。地球上的任何物體都逃脫不了地球引力的束縛。那麼，人造衛星是怎麼飛出地球，逃脫地球引力的束縛的呢？」

一時間，同學們議論紛紛，都找不到最合適的答案。正在同學們眉頭緊鎖時，解說員說：「其實，這可以從月球得到啟發。你們知道，月球和地球之間也有萬有引力，為什麼月球掉不下來呢？原因在於月球不斷地繞地球旋轉，在月球旋轉的時候，它產生了離心力，這股離心力足以抗衡地球引力對它的束縛。所以它高高地懸掛在天上而不會掉下來。因此，我們的科學家們要讓發射的人造衛星繞地球旋轉而不掉下來，就需要使它具有能抗衡引力的離心力。經過我們的科學家計算，離心力的大小與圓周運動速度的平方成正比。據此可以算出，要

使物體不落回地面的速度是7.9公里／秒，也就是說，人造衛星如果達到7.9公里／秒的速度，它就會永遠繞地球運行。科學家正是透過賦予人造衛星很快的速度，使它不會從天上掉下來。」

聽完這些，同學們都受益匪淺。

 **知識點睛**

物體要脫離地球的束縛，飛向行星際空間，需要達到11.2公里／秒的速度才能實現。

眼界大開

人造衛星的運行軌道（除近地軌道外）通常有三種：地球同步軌道，太陽同步軌道，極軌軌道。

1.地球同步軌道

是運行週期與地球自轉週期相同的順行軌道。但其中有一種十分特殊的軌道，叫地球靜止軌道。這種軌道的傾角為零，在地球赤道上空35786公里。地面上的人看來，在這條軌道上運行的衛星是靜止不動的。一般通信衛星，廣播衛星，氣象衛星選用這種軌道比較有利。地球同步軌道有無數條，而地球靜止軌道只有一條。

2.太陽同步軌道

是繞著地球自轉軸，方向與地球公轉方向相同，旋轉角速度等於地球公轉的平均角速度（360度／年）的軌道，它距地球的高度不超過6000公里。在這條軌道上運行的衛星以相同的方向經過同一緯度的當地時間是相同的。氣象衛星、地球資源衛星一般採用這種軌道。

3.極地軌道

是傾角為90度的軌道，在這條軌道上運行的衛星每圈都要經過地球兩極上空，可以俯視整個地球表面。氣象衛星、地球資源衛星、偵察衛星、軍用衛星常採用此軌道。

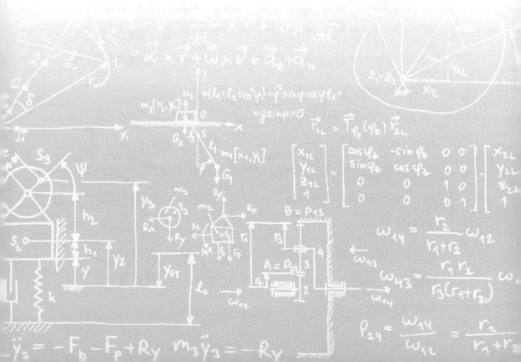

06 留住腳踏車的摩擦力

有一天，周媽媽帶著兒子小強來到海邊玩，小強出門時一定要帶著自己心愛的腳踏車。

到了海邊，小強騎上自己的腳踏車，但在沙灘上始終騎不動。這時，媽媽走過來，微笑著對小強說：「會騎腳踏車的小朋友都知道，腳踏車在沙灘上是寸步難行的，不管你用多大力氣，輪子都會轉不起來。下車看一看，你就會發現，腳踏車輪子的下邊陷進了沙子裡。車輪轉不動，就是這些沙子在搗亂，是沙子用摩擦力拉住了輪子。」

回到家後，媽媽又給小強做了一個有趣的實驗，她用了一個搪瓷缸、一把筷子和一大碗米來做實驗：把筷子放在搪瓷缸裡，用大量米把筷子壓實，你向上提筷子，筷子沒拿出來，倒把整個缸子提起來了。這也是摩擦力在作怪。

媽媽接著說：「腳踏車陷進了沙灘，就像筷子插在壓實的大量米裡面一樣，在車輪和沙子之間會產生很大

的摩擦力，正是這個摩擦力拉住了車輪子。」

　　看完實驗之後，小強從此不再倔強地騎腳踏車去海灘上玩了。

 **知識點睛**

　　如果沒有摩擦力，人們的生活又會發生什麼樣的變化呢？

　　首先，也是最基本的，我們無法行動。腳與地面沒有了摩擦，人們簡直寸步難行。腳踏車車輪與地面間光滑，怎麼才能開動呢？汽車還沒發動就打滑，要嘛就是車子開起來了就停不下來，沒有阻礙它運動的力，就只能無限滑下去，最後與其他車相撞造成一起又一起的交通事故。飛機無論是活塞發動機或者渦輪噴氣發動機都無法啟動。

 **眼界大開**

　　最大靜摩擦力可視為滑動摩擦力，公式為：$F=\mu F_n$（F_n為正壓力）

07 名偵探的解密之道

《福爾摩斯探案集》是世界上非常具有影響力的小說，作者是柯南・道爾。

有一次，柯南・道爾在英國北部旅行的時候，一位男爵夫人找到他，希望他幫忙解開一個五年未解的謎。

「五年前，我的丈夫去世了。他生前愛好高爾夫球，曾囑咐要給他造一個像高爾夫球場那樣的墓，我照做了。墓地是一塊很大的長方形的石面，石面上鑿有一個淺淺的坑，坑裡放著一個直徑80公分的大理石球。墓是朝南的，在球上朝南的一面雕刻了一個十字架。墓地四周有高高的鐵柵欄，平時無人進入。」男爵夫人說。

「夫人，發生了什麼事呢？」柯南・道爾問。

「自從我的丈夫去世之後，每年冬天我都去法國南部，那裡的冬天比較暖和，這樣我心情也會舒服些。但我每年春天回來給自己丈夫掃墓時，都會發現大理石球的南面都向下轉了一點，你看看，現在的十字架都有一部分被壓到了下面。這個現象只發生在冬季，其他季節

沒有。到底是誰滾動了大理石球呢？難道說是我丈夫的靈魂要出來，想與我一起去法國南部溫暖的地方過冬嗎？」

於是，柯南‧道爾跟隨男爵夫人到墓地查看。那石面上的淺坑裡存著一些水，周圍長滿苔蘚。

大理石球，他估計大概有5噸重，如果有人撬動它，也不是件很容易的事，是什麼目的讓別人要去撬動它？真的是她丈夫靈魂的力量嗎？作為偵探家，他更求助於科學的解釋。

這時，柯南‧道爾的目光又落在淺坑的積水上。忽然他找到了解謎的「鑰匙」。

他說：「夫人，那不是靈魂的力量，而是冰和水的原因。在這裡，冬天的夜晚溫度常在0℃以下，淺坑裡的積水總會結冰，而冰的體積要比原來水的體積大1/10還多。到了白天，由於陽光照射，球南面的冰會熔解成水，而球北面受不到陽光照射，冰仍舊不變。這時，球兩邊受力不再平衡，南邊沒有冰的支持，它就比較容易向南滾動。到了夜晚，如果再積水再結冰，結冰時膨脹的力量更容易使球向南滾動。一旦累積起來，球就轉動得比較明顯了。」

男爵夫人困惑多年的謎，終於被解開了。

知識點睛

在力學系統裡，平衡是指慣性參照系內，物理受到幾個力的作用，仍保持靜止狀態，或勻速直線運動狀態，或繞軸勻速轉動的狀態，叫做物體處於平衡狀態，簡稱物體的「平衡」。因穩定的不同，物體的平衡分為穩定平衡、隨遇平衡、不穩定平衡三種情況。

眼界大開

柯南‧道爾（1859～1930）英國傑出的偵探小說家、劇作家。畢業於愛丁堡醫科大學，行醫10餘年，收入僅能維持生活。後專寫偵探小說。《血字的研究》幾經退稿才發表，以《四簽名》聞名於世。

1891年棄醫從文，遂成偵探小說家。代表作有《波希米亞醜聞》、《紅髮會》、《五個橘核》等。1894年決定停止寫偵探小說，在《最後一案》中讓福爾摩斯在激流中死去。不料廣大讀者對此憤慨，提出抗議。柯南‧道爾只得在《空屋》中讓福爾摩斯死裡逃生，又寫出《巴斯克維爾的獵犬》、《歸來記》、《恐怖谷》等偵探小說。他塑造的福爾摩斯已成為世界上家喻戶曉的人物。

08 洩漏祕密的玻璃

曾一度輝煌的他在經歷1815年滑鐵盧戰役失敗後，被流放到大西洋南部的聖赫勒拿島。看管的將軍是英國人羅埃，對拿破崙的管理十分苛刻，只准一個僕人照料。

一天，快到中午時分，僕人還沒回來做午飯，拿破崙氣得直跺腳。正在這時，一個英國軍官來說：「閣下，你的僕人偷了長官十枚金幣，被逮捕了。」

「混蛋！」曾經風光一世的拿破崙怒不可遏，破口大罵，「我的僕人絕不會做那種事！羅埃他連個僕人都不想給我留！」說罷就氣沖沖地去找羅埃。他雖是囚犯，但仍留存著昔日統帥的威嚴。

「你給我說出僕人偷金幣的過程！」拿破崙吼道。

羅埃在生氣中說了事情的經過。原來，那天上午，僕人來找羅埃，要他給拿破崙請醫生。當時羅埃正在清查收繳的金幣，便叫祕書把僕人領到東邊房間等候。

羅埃告訴拿破崙：「我將金幣放進抽屜裡鎖上，就

去廁所。三分鐘不到就回來了，發現鑰匙忘在桌子上，收好鑰匙，我叫你的僕人過來談話。他走後，我又把抽屜裡的金幣清點一遍，發現少了十枚。不是你的僕人偷的，還會有誰呢？」

「在我的僕人身上搜到金幣沒有？」

「沒有，想必是他藏起來了。」

拿破崙仔細看了看這個長官室，它的東西各有一個同樣的房間，在通往房間的門上，門閂都在長官室這邊，門上都裝著相同的毛玻璃。

東邊的那間，他的僕人剛才待過；西邊的那間，羅埃的祕書正在辦公。這兩個房間又各自有門通向外邊。拿破崙的手觸摸到內門上的毛玻璃時，他發現東間的門上，是毛玻璃的粗糙面在長官室一邊；而西間的門上，是毛玻璃的光滑面在長官室一邊。於是，拿破崙果斷地走進西間，以不容辯解的口氣朝祕書厲聲喝道：「把偷走的十枚金幣交出來！」

那祕書先是一愣，然後狡辯起來，但拿破崙說：「毛玻璃粗糙的一面，是凸凹不平的。」

當光線射上去以後，就會向四面八方反射回來，這就是漫反射。這樣，很少有光線透過玻璃，所以，隔著毛玻璃很難看清楚對面的東西。

如果將水塗到粗糙面上，水就會將凸凹不平的地方

填平，使漫反射大大減少，增加透過玻璃的光線，人就
能隔著它看到對面的東西了。東間門上的毛玻璃粗糙面
在長官室一邊，他的僕人絕不可能將水塗到粗糙面上。

　　而那個祕書在西間則可以辦到，所以他可以清清楚
楚地看到羅埃把金幣放在哪裡。就在羅埃上廁所的時候，
他從西間迅速出去，由房間外面進入長官室，拿起桌上
的鑰匙開了抽屜偷走金幣，然後再由房外回到西間。」
這番話讓他的祕書啞口無言，只好交出金幣。羅埃只好
把拿破崙的僕人放走。

知識點睛

　　車前部兩側的反光鏡通常是凸鏡，它的視野比平面
鏡更大一些。車內中央的後視鏡常是平面鏡，車燈的反
光罩是凹鏡，它能會聚光線。

　　在汽車上有的地方也要防止光的反射，如擋風玻璃
做成斜向，從光學角度來說可有效防止外部強光的反射
影響駕駛員看清前面的路。

眼界大開

　　隨著工業技術的改進，玻璃生產技術也不斷得到提高。雷射玻璃就是一種新型的裝飾玻璃。它是應用雷射全息膜技術，把預製的雷射全息膜夾在兩層玻璃中間，形成表面透明、但在各種不同角度上看可呈現不同的顏色、圖案和視覺效果的特種玻璃。

　　雷射玻璃目前多用於酒吧、酒店、商場、電影院等商業性和娛樂性場所，在家庭裝修中也可以把它用於吧檯、視聽室等空間。如果追求很現代的效果也可以將其用於客廳、臥室等空間的牆面、柱面。

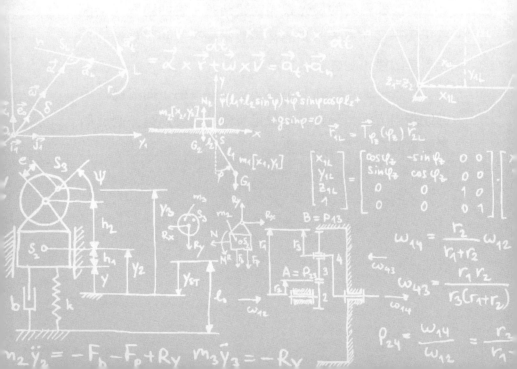

09 上下坡的車痕

阿寧非常喜愛騎腳踏車。有一天，他工作了一個通宵，到清晨才完成。他想騎腳踏車散散心之後再回家休息，就上街了。突然他發現一個員警躺在路旁，腹部被刺傷，鮮血直流。他連忙停下車，用自己的圍巾摀住他的傷口。員警忍著劇痛說：「十分鐘之前……一個年輕人……突然用刀刺我……搶了我的腳踏車……向那邊逃走了……」說完就閉上了雙眼。

這時，天也亮了，恰巧有個上早班的人經過，阿寧招手向他求助，讓他照料傷者，自己騎車去追兇犯。但走到前面，路分成左右兩個岔道，而且都是上坡路。兇犯去哪條路呢？他下車仔細察看哪條道有腳踏車壓過的痕跡。

剛下過雨，路上有鬆軟的黃沙，車痕清晰可見，兩條路上都有。

「這兩條都是上坡路，」阿寧鎮靜地想，「兩邊的車痕有什麼不同之處嗎？」

　　他發現右邊路上的車痕，兩個輪子所壓的深淺差不多，而左邊路上的車痕，兩輪所壓的深淺差別很明顯，他忽然明白了。這時，正好有員警趕到，阿寧告訴他們：「兇犯是從右邊道路逃走的！」

　　刑警便從右邊道路追去，追到了兇犯之後，便向阿寧問個究竟。阿寧分析說，平常騎車時，身體的重心離後輪近而離前輪遠，所以，人的重力分別壓到兩個輪子上時，分解給後輪的力大，而分解給前輪的力小，這樣，後輪的壓痕深，前輪的壓痕淺。上坡時，身體要向前傾，重心前移，使前後輪所受的壓力相差不多，兩輪的壓痕也就差不多一樣深淺。左邊道上的車痕是下坡的痕跡，所以絕不會是兇犯的車留下的。

知識點睛

　　什麼情況下汽車在路面行駛不會留下痕跡呢？那就是失重的狀態。影片中常常出現「騰雲駕霧，飛簷走壁」的絕技，在太空中飛行可是易如反掌，你只要輕輕一點腳，人就會騰空而起，在空中自由的飛來飛去，本領之大，超過人們的想像。這種現象就是人們通常所說的失重。

　　判斷物體是否完全失重一個最重要的指標是，物體內部各部分、各質點之間沒有相互作用力，即沒有拉、壓、剪切等任何應力。

 眼界大開

重力的大小跟物體的品質成正比：

G=mg

G：重力

m：品質

g：重力常數

在靜止的情況下，物體對豎直懸繩的拉力或對水平支持物的壓力也等於物體受到的重力。

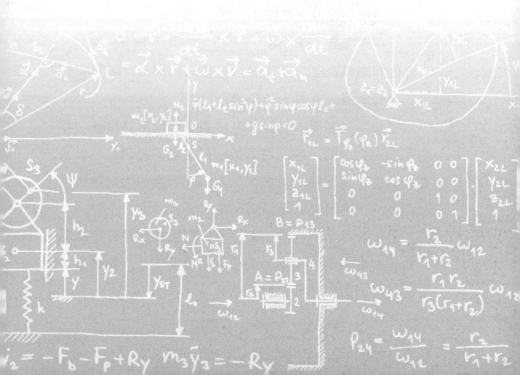

10 科學家斷案

大科學家伽利略因主張「日心地動說」而被天主教法庭審判，他的著作也被查封，70多歲的他也被軟禁在家中。在他被軟禁的日子裡，有一天接到女兒的一封信，他看過之後拖著病弱的身體去附近一個修道院——女兒就在這裡當修女。

「出事的現場在哪裡？」老人問。

「在鐘樓第四層的陽台上。」女兒用手指著一邊說。

伽利略預測了一下，陽台高度大約15公尺，陽台的下方是條大河，對岸大約在40公尺以外。

根據女兒在信中的描述，他們是昨天早晨發現索菲爾死在陽台上的，她的右眼被一根細細的針刺過，針丟在屍體旁。那天晚上風很大，而鐘樓下面的大門是從裡面閂好的，沒發現有第二個人在裡面。

是自殺嗎？不可能，索菲爾是個虔誠的教徒，她絕不會違背教規而輕生的。突然伽利略萌生了一個假設，是兇手從河對岸將毒針射過來。

「她為什麼一個人在晚上去鐘樓呢？」父親問女兒。

「聽說她對您支持哥白尼的《日心地動說》（地球是圍繞太陽轉動的星球）的著作很佩服。她經常偷偷閱讀這本書，但又不能被院長所發現，那晚她一定是上鐘樓去觀察星星和月亮了。」

伽利略曾發明了一種望遠鏡，用它來觀察，能將30公尺遠的物體拉近到1公尺遠，相當於把物體放大將近1000倍。

他用來觀察星星、月亮和太陽，做出了許多重大的天文發現。

「有人對她恨之入骨嗎？」他反問道。

「好像有個同父異母的弟弟，為遺產分配的事特別恨她。出事的前一天，她弟弟送來一個小包，我不知道是什麼，整理遺物時不見了。」

伽利略好像猜到了什麼，說：「也許能在陽台下面的河底找到一架望遠鏡。」

果然不出所料，真的找到了一架望遠鏡。這是一架經過改裝的望遠鏡。

「望遠鏡與殺人有什麼關係？」女兒仍然一頭霧水。父親講了他的推測。

伽利略在排除了索菲爾自殺的可能，排除了兇手現場殺人的可能以後，猜想兇手一定用狡猾的方法，讓索

菲爾在觀察星空時，無意中用自己的手向自己射出毒針。

他對女兒說：「索菲爾的弟弟事先在望遠鏡的鏡筒裡裝上毒針。為了看清星星，索菲爾會在右眼貼近鏡筒時，轉動鏡筒。鏡筒中有螺紋，螺紋是斜面的一個應用：沿斜面移動較長的路程，鏡筒才沿著『斜面的高』向前移動較短的路程，以保證精確地調節鏡片之間的距離。就在轉動鏡筒時，將連著毒針的壓縮彈簧拉斷，彈簧發生形變時儲存的能量把毒針射出。索菲爾疼痛難忍，望遠鏡失手落水，她急忙將毒針拔出，但不敢喊救命。等毒性發作，就死去了。」

伽利略豐富的科技知識幫助他破了案。

知 識 點 睛

在古代，弓箭為什麼一拉就射出去了呢：那是因為人的力量讓弓形成一個弧形，鬆開時，拉力變成了彈力，讓箭射出去了。古代很多的戰鬥武器，如投石器等，都是利用這一原理設計的。

 眼界大開

　　伽利略是偉大的義大利物理學家和天文學家，科學
革命的先驅。歷史上他首先在科學實驗的基礎上融會貫
通了數學、物理學和天文學三門知識，擴大、加深並改
變了人類對物質運動和宇宙的認識。

　　為了證實和傳播哥白尼的日心說，伽利略獻出了畢
生精力。他開創了以實驗事實為根據並具有嚴密邏輯體
系的近代科學。因此，他被稱為「近代科學之父」。

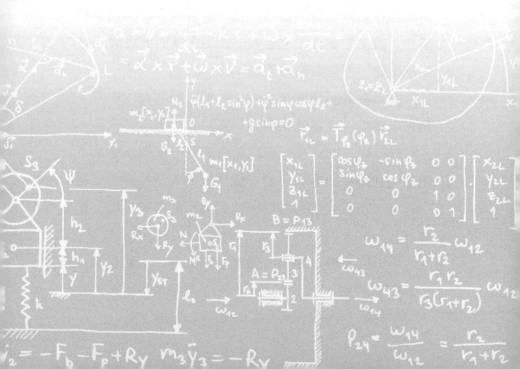

11 畫家脖子上的短劍

曾經兩次獲得奧林匹克馬拉松冠軍的阿貝貝，兩次都打破了世界紀錄，但後來的一次車禍改變了他的人生，讓他終生都在輪椅上度過。

他在出席英國舉行的殘奧會期間，曾受命去拜訪一位世界著名的畫家，這位畫家也是坐在輪椅上的殘疾人。畫家住在倫敦郊外的古城堡裡，阿貝貝與使館人員共同前往。畫家的祕書出來迎接，並用電話與城堡最高層的四樓聯繫，那是畫家的畫室。

畫家在電話裡客氣地說：「請阿貝貝先生用茶，請稍等一會兒，我這就乘電梯下來。」

當電梯下到一樓，門自動打開時，他們都嚇呆了：畫家坐在輪椅上奄奄一息，脖子上刺著一把短劍，劍柄上拴著一根很粗的橡皮筋。他們立即把畫家推出來並放置好。

「奇怪，畫室裡只有畫家一個人啊！」祕書說，並告訴阿貝貝和使館工作人員，除了電梯，房子裡還有一

個螺旋樓梯。

「我們分別上去看看。」阿貝貝建議。

他坐著輪椅進入電梯，畫家的祕書帶使館人員由螺旋樓梯上去。他們在四樓會合，沒發現有什麼可疑的地方。

「我去看電梯上下經過的豎道裡有什麼異常情況。」祕書悲傷地說，並託使館人員用電話報警。祕書打開樓梯的天花板，爬到四樓頂上去了。使館人員在報警後也跟著上去，卻找不到祕書。阿貝貝忽然想起刺在畫家脖子上的那把劍，想到上面的橡皮筋，想到電梯頂棚上的通風口，便對使館人員說：「那個祕書就是殺人犯！」

這時，員警也迅速趕到，面對阿貝貝肯定的語氣，「你為什麼判斷那個祕書就是殺人犯呢？」使館人員和員警同時向阿貝貝提出這個問題。

阿貝貝分析說，祕書一直覬覦（註：企圖得到不應得的東西）畫家的成果，他想利用這次來訪之機，借刀殺人，轉移員警視線，就預先在樓頂拴上一根又粗又長的橡皮筋，它的下端拴上一把銳利的短劍，透過電梯上面的通風口懸掛在電梯裡。

畫家乘電梯時，因為是坐輪椅，他的位置只能在電梯間的正中，恰好在短劍的下方。當他進入電梯時，一般不會抬頭向上看，難以發現頭頂上的短劍。當電梯下降時，短劍擋在電梯裡，橡皮筋被拉長，短劍受到向上

的拉力,壓在電梯頂部。當橡皮筋的伸長遠遠超過它的彈性限度時,就被拉斷。這時,懸空的短劍就會下落刺中畫家。

祕書假裝不知道,趁機逃走,這樣反倒露出馬腳,最後終於受到應有的法律制裁。

一般情況下,凡是支援物對物體的支援力,都是支持物因發生形變而對物體產生彈力,所以支援力的方向總是垂直於支持面而指向被支援的物體。

胡克定律(彈性定律),是胡克最重要發現之一,也是力學最重要的基本定律之一。在現代,仍然是物理學的重要基本理論。胡克定律指出:「在彈性限度內,彈簧的彈力f和彈簧的長度變化量x成正比,即f=-kx。

k是物質的彈性係數,它由材料的性質所決定,負號表示彈簧所產生的彈力與其伸長(或壓縮)的方向相反。」為了證實這一事實,胡克曾做了大量實驗,包括各種材料所構成的各種形狀的彈性體。

12 安全駕駛

天漸漸黑了，小李開著車飛馳在機場高速公路上，這次是開車去接一位教授。一路上，小李想像著這位客人是什麼模樣，怎樣能找到他。

誰知道，一出神，汽車朝一堵牆開去，原來是走到了一個T字路口。

怎麼辦？他非常冷靜地處理這種突發的情況，在後來行駛的方向上急煞車以爭取停在牆的前面。經驗和直覺讓他迅速急煞車。

「吱」的一聲車停在牆前，好險啊！幸虧周圍沒人沒車，他下來檢查一遍，除了因煞車使車輪磨損較大以外，其他的地方都沒有損傷。

他再次上車，將車倒回公路上，又上路了。他全神貫注地開到機場，順利地接到了教授。

在回來的路上，又走到T字路口，他倒吸一口氣：「剛才好險啊！」

教授問明情況後，解釋說：「你很沉著果斷。不過，

急煞車磨損太大，你還有更好的辦法可以採用！」

「什麼辦法？是不是急轉彎？」小李問。

教授說：「不能急轉彎。如果不減速而急轉彎，勢必會碰到牆上。因為，按轉彎半徑等於煞車所用的距離來考慮，使汽車轉彎所需要的力，是向前急煞車所需要的力的兩倍。這力哪裡來？只有依靠車輪與公路的摩擦力。

既然這個摩擦力只能使汽車剛好停在牆前，那麼，靠同樣大的摩擦力就不可能在碰牆之前轉過彎來，必然撞牆。所以不煞車而急轉彎是最不安全的辦法。為了減少急煞車造成的磨損，可以適當煞車同時轉彎。煞車時，能把車輪與地面的滾動摩擦變為滑動摩擦，摩擦力增大了，轉彎半徑就可以減少。

在這種情況下，怎樣才能做到適當煞車也不是容易掌握好的。還有，向哪個方向轉彎更安全些呢？向右轉彎？向左轉彎？當然是向左轉彎，因為我們都是靠右行駛，向左轉彎的半徑比較大，相對來說更安全些。

總之，如果掌握得恰到好處，那麼，適當煞車的同時向左轉彎，結果會更好些。」

 知識點睛

在我們坐車時，為什麼車向左拐時，我們的身體向右倒呢？其實這也是慣性造成的。「子彈離開槍口後還會繼續向前運動」，「水平道路上運動著的汽車關閉發動機後還要向前運動」這些都是慣性。慣性與力有著極大的差別：

（1）慣性是指物體具有保持靜止狀態或勻速直線運動狀態的性質；而力是指物體對物體的作用。慣性是物體本身的屬性，始終具有這種性質，它與外界條件無關；力則只有物體與物體發生相互作用時才有，離開了物體就無所謂力。

（2）慣性只有大小，沒有方向和作用點，而大小也沒有具體數值，無單位；力是由大小，方向和作用點三要素構成，它的大小有具體的數值，單位是牛。

（3）慣性是保持物體運動狀態不變的性質；力作用則是改變物體的運動狀態。

 眼界大開

牛頓第一定律（即慣性定律）是：一切物體總保持勻速直線運動狀態或靜止狀態，直到有外力迫使它改變這種狀態為止。物體的這種保持原來的勻速直線運動或靜止狀態的性質就叫做慣性。

13 被拋出去的屍首

林肯這個名字在美國家喻戶曉，他是美國第16任總統，還領導了黑奴解放的革命戰爭。

林肯24歲時在一個鄉村郵局當代理局長。那時，他每天的工作就是把信件一一送到收信人的手中。

一天早晨，他給剛來這裡不久的一位神父送信，卻一直沒人應門。神父自己單獨住一間小屋，他心想神父也許出去散步了，於是便去田野間尋找神父。還沒走多遠，他就遠遠看見神父倒在地上，背上還插著一支箭。

林肯馬上報了警，當員警來到時，一看那支箭，就知道是與這個村有仇的一個土著酋長在實施報復。

但細心的林肯發現，殺人現場既沒留下兇手的腳印，也沒有被害人的腳印。腳印哪裡去了？

員警說：「沒有兇手的腳印，這不奇怪。因為兇手是從遠處射的箭。可是昨晚下過雨，土是濕的，如果神父走過，一定會留下腳印的。」

「莫非神父是昨晚下雨以前就被害了，雨把腳印沖

掉了？」林肯猜測著。

「不，如果真的是那樣，神父的衣裳和身體應該是濕的。」

「是風吹乾了嗎？」

「也不是。你看神父傷口凝固的血，並沒有被雨水沖洗的痕跡。」

身高193公分的林肯環顧四周，他看到在3公尺遠的地方有塊高2公尺的板牆。板牆那邊是個破舊的大院，院子裡有棵大樹，樹上還掛著一個鞦韆。

林肯細心地觀察，在板牆的附近也沒有腳印。由於員警個子不夠高，他看不到院裡的情況。林肯把看到的情況說給員警聽。

突然，林肯說：「我知道為什麼沒有腳印了！」

他抱起員警讓他看板牆的另一邊，但是員警仍然大惑不解。林肯解釋了一遍，員警連連點頭表示信服。

後來的事實，證實了林肯的推斷。到底為什麼沒有神父的腳印呢？

原來，神父早晨散步來到院子裡，心裡高興，就盪起鞦韆。而藏在遠處的兇手，正好在神父盪到最低點，就是離地面最近時射中了他。

盪鞦韆的過程，是重力勢能與動能互相轉化的過程。經過最低點時，勢能最小而動能最大，所以此時人的速

度最大。

　　神父被箭射中後，失了手，在慣性的作用下，被斜向上拋出，在脫離鞦韆座板後，被拋過2公尺高的板牆，落在板牆外3公尺遠的地上，所以沒有留下他的腳印。從理論上講，若以與地面成45°角斜向上拋出，則拋得最遠。

 知識點睛

　　你知道故事中講的「動能」是什麼嗎？其實，動能定理是描述物體在空間運動的位移過程中，合外力對物體做的功與物體功能變化之間關係的物理規律。

 眼界大開

　　重力勢能是物體和地球組成的系統所共有的，而不是物體單獨具有的。重力勢能的大小是相對的，即它的大小與參考平面的選取有關。

　　原則上，參考平面可任意選擇，一般選擇大地為參考平面；而重力勢能大小的改變是絕對的，即它的大小與參考平面的選取無關。

14 身陷絕境，裹毯滾坡

西元263年，鄧艾和鐘會是魏國的兩員大將，他們分別率領大軍去征討蜀國。

當鐘會率領的大軍攻到劍閣時，遇到了蜀國大將姜維的頑強抵抗，姜維把守險要的關口，居高臨下，鐘會難以推進，只得在劍閣外安營紮寨。這時，鄧艾發現鐘會想獨占征討蜀國的軍功，便前去見他。

鐘會劈頭就問：「鄧將軍，我這裡劍閣受阻，你有何攻蜀良策啊？」

鄧艾說：「將軍必須出其不意，攻其不備。你可以派兵走劍閣西面的陰平道，直取成都。這條小道全是懸崖峭壁，蜀軍幾乎沒有設防。」

鄧艾說完，鐘會馬上意識到鄧艾想引自己誤入絕境，便想順水推舟，於是他說：「那就先請鄧將軍引路吧！」

他預料，鄧艾縱有三頭六臂也難以通過這條險路，讓他搶頭功去吧。聽完鐘會的話之後，鄧艾決定率精兵而去，他一路逢山開路，行軍非常艱難。

有一天，鄧艾率領的大軍來到了摩天嶺，將士們向下一看，全是陡峭的大斜坡，已經是無路可走。這時，許多人坐在山頭上大哭起來。

鄧艾近前一看，心中暗暗吃驚，但他鎮定地對大家說：「我們至此已無退路。前面雖險，但只要通過眼前的斜坡，便可直取成都，大家同去享受榮華富貴。眾將士，跟我來！」

說罷，鄧艾就用毛毯把全身裹起來，沿坡滾下，剎那間便通過了險坡。眾將士也不敢怠慢，先將兵器扔下去，然後各自取出所帶的毛毯，裹住身體滾坡而下。幾千名將士終於從絕境中闖了出來。不到幾天，鄧艾大軍直逼成都，迫使蜀後主投降。

看到這裡，人們都會非常驚訝，鄧艾率領的將士們怎麼沒有摔傷呢？其實原因是這樣的，人向下滾坡時，難免與凸凹不平的坡路碰撞。

由於速度很快，必須要防止撞傷，為此就要設法減少相互碰撞時的作用力，毛毯就起了這種作用。

為說清其中的道理，先看雞蛋下落掉地的情形。當雞蛋從相同的高度落到石頭上時，每次都會碰破；而落在棉花堆上卻不會破了。

兩者的不同在於碰撞時間。所謂碰撞時間，就是雞蛋從觸地瞬間的下落速度到靜止所用的時間。碰上堅硬

的石頭，雞蛋立即靜止了；碰上柔軟的棉花，則是先將棉花壓縮，「慢慢地」靜止下來。

物理學原理告訴大家，物體的速度迅速變化時，它受到的力一定大，而緩慢變化時，它受到的力一定小。這樣大家就可以明白，人在裹上毛毯滾坡時，一來，毛毯避免了人體與山坡的直接接觸；二來，毛毯的柔軟鬆厚能延長碰撞時間，以減小碰撞時的作用力。

這與雞蛋落在棉花上類似，只不過這裡不是雞蛋碰棉花，倒像是棉花碰雞蛋了。

知識點睛

人走路時，腳與地面之間有何作用？這些是什麼性質的力？力是存在於兩物體間的相互作用，甲物體對乙物體有作用力，乙物體也必對甲物體有作用力。它們相互以對方作為自己存在的前提，不能孤立地存在。我們把其中任意的一個力叫做作用力，另一個力叫做反作用力。

眼界大開

根據牛頓第三定律：兩個物體間的作用力和反作用力大小相等、方向相反，在一條直線上。

049

15 手不沾水取出硬幣

在明光中學的實驗課上，老師在桌子上放著一個大而淺的盤子，盤子裡有一枚硬幣。張老師一邊向盤子裡倒水一邊說：

「水面已經超出硬幣了。條件是不許把手沾濕的把硬幣取出來，哪位能做到？」

話音剛落，學生們就紛紛議論起來，又說又做，想出了不少辦法呢！

余同學的辦法是：帶上橡膠手套將硬幣取出來。

趙同學的辦法是：用手拿著鑷子把硬幣夾出來。

劉同學說：等水蒸發完了，再用手拿硬幣。

李同學乾脆把盤子拿起來，小心地把水倒掉，等硬幣上沒水了，再用手拿。

程同學拿一條乾毛巾把盤子的水吸乾，然後用手拿出硬幣，並說這是利用毛細現象吸水。

柳同學拿一只玻璃杯，把點燃的紙團放進去，等杯子燒熱了，將它倒扣在硬幣旁邊的水上。只見盤子裡的

水被吸到杯子裡去了，硬幣上沒水了，便可用手取出。他說這是利用大氣壓力將水壓到杯子裡去了。

梁同學拿了一條橡皮管，先浸在臉盆裡，使管子裡充滿水，用手指分別堵嚴兩邊的管口，一頭放入盤子的水裡，一頭下垂在盤子的下面，然後鬆開手，盤子裡的水便自動順著管子流出，直到全部流乾淨為止。硬幣乾了，再用手取出。他說這是利用虹吸現象排水，本質上也是大氣壓力的作用。

一下子想出這麼多辦法，張老師很高興，他對大家說：「其實想實現讓手不沾水取出硬幣的方法很多，大家還可以繼續想。各種問題都可以從不同的角度多想幾種方法去解決，這就是所謂的發散思維。至於哪種辦法好，這不能一概而論，要根據實際的要求和條件去判斷。大家還要注意，有了許多辦法，應該把它們整理一下，作一個分類歸納的工作，這樣就容易抓住每種思路的實質，便於沿著正確的方向再找新的方法。你們把上面的各種方法歸納一下吧！」

這種方法可以歸納為兩條思路：一是把手隔離起來再與濕的硬幣接觸，如戴手套、拿鑷子；二是使硬幣脫離水，變乾，手就可以直接拿了。

第二種思路又可分為兩種：一是水不動，使硬幣離開水，如用木棒將硬幣從水中拔出來；二是硬幣仍在盤

中而把水引走，如靠蒸發、毛細現象、虹吸作用等。

 知識點睛

大氣壓的變化跟哪些因素有關？它是怎樣變化的？

大氣壓的變化跟高度有關。大氣壓是由大氣層受到重力作用而產生的，離地面越高的地方，大氣層就越薄，那裡的大氣壓就應該越小。不過，由於跟大氣層受到的重力有關的空氣密度隨高度變化不均勻，因此大氣壓隨高度減小也是不均勻的。

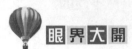 眼界大開

大氣壓不是固定不變的。為了比較大氣壓的大小，在1954年第十屆國際計量大會上，科學家對大氣壓規定了一個「標準」：在緯度45°的海平面上，當溫度為0°C時，760毫米高水銀柱產生的壓強叫做標準大氣壓。既然是「標準」，在根據液體壓強公式計算時就要注意各物理量取值的準確性。

從有關資料上查得：0°C時水銀的密度為13.595×10.3千g/m^3，緯度45°的海平面上的g值為9.80672牛／千克。

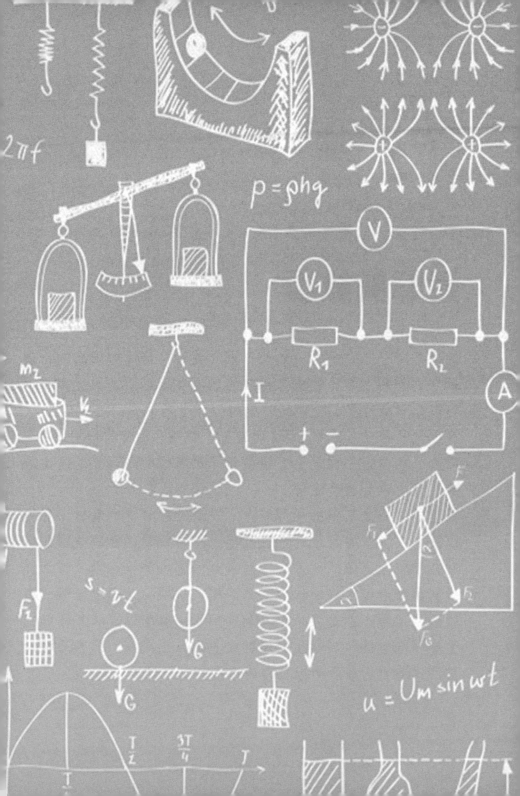

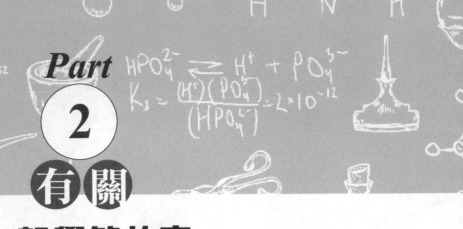

Part
2
有 關
聲學的故事

聲學是研究媒質中機械波的產生、傳播、接收和效應的物理學分支學科。媒質包括各種狀態的物質，可以是彈性媒質也可以是非彈性媒質；機械波是指質點運動變化的傳播現象。現代聲學研究主要涉及聲子的運動、聲子和物質的相互作用，以及一些準粒子和電子等微觀粒子的特性。所以聲學既有經典性質，也有量子性質。

聲學的中心是基礎物理聲學，它是聲學各分支的基礎。聲可以說是在物質媒質中的機械輻射，機械輻射的意思是機械擾動在物質中的傳播。人類的活動幾乎都與聲學有關，從海洋學到語言音樂，從地球到人的大腦，從機械工程到醫學，從微觀到宏觀，都是聲學家活動的場所。聲學的邊緣科學性質十分明顯，邊緣科學是科學的生長點，因此有人主張聲學是物理學的一個最好的發展方向。

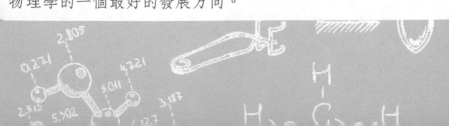

01 來路不明的客人

美國電話電報公司當今在國際上是500大企業，這家公司是在1925年由美國科學家貝爾成立的。

1928年，電信工程師——卡爾・央斯基來到了美國電話電報公司的實驗室。

「你負責搜索和鑑別電話的干擾信號，」公司領導對新來的央斯基說，「這樣才能更好地改進電話性能。」

央斯基愉快地點點頭：「好的。」

央斯基在單調乏味的工作崗位上，沒沒無聞、無怨無悔地工作了三年，然而他是一個做事非常認真的人，平凡的工作他也做得有聲有色。

1931年秋天的一個上午，卡爾・央斯基像往常一樣，仔細地接聽、辨別接收機裡的各種信號。突然，他的耳機裡傳出一種奇怪的「嘶嘶」聲。

這奇怪的雜音引起央斯基的注意，他心想：「這是什麼聲音，難道有什麼新的干擾嗎？」

細心的央斯基發現這種噪音不同於一般噪音，顯得

很平穩，一直保持著那種「嘶嘶」的聲音，而一般噪音的干擾是不穩定的。

「這裡一定隱藏著什麼。」他一邊想著，一邊在心裡小聲地說。

一般人對一件小事，或者一個細節都很容易忽略，但年輕的央斯基卻緊抓不放。

這微弱的聲音，卻對後來的天文學界產生了巨大的影響。

「真是怪事，這種干擾信號竟然每隔23小時56分4秒就出現最大值，信號就特別強。」

央斯基既非常困惑，又非常驚喜，並對這一「噪音」產生了很大的興趣，希望能夠破解其中的奧祕。央斯基繼續集中精力來監聽這一聲音。

起初，他推測這一微弱的聲音可能來自太陽，後來發現這一聲音每次總是提前4分鐘來臨，又推測它不是來自太陽。

「這個來路不明的『客人』到底是誰呢？」央斯基徹夜未眠，他總想找到身份不明的干擾源。

時間一天一天過去了，央斯基的研究仍然沒有結果。

後來，他去一位朋友那裡做客，當他談及心中的難題時，這位研究天文學的朋友說：「恆星時的週期比太陽時的週期每天要短4分鐘。」

朋友的話就像什麼東西刺到了他的神經，讓他馬上產生了靈感。

他想：「這奇怪的信號，一定是和某顆恆星有關。這個無線電波一定是來自太陽系以外的一個地方。」

他經過一年多的精確測量和周密分析，工夫不負有心人，終於確認這種「哨聲」來自地球大氣之外，是銀河系中心人馬座方向發射的一種無線電波輻射。

這個意外的發現，引起了天文學界的震動，從此，拉開了射電天文學研究的序幕。

知識點睛

央斯基發現射電波給我們最大的啟示，在於讓我們懂得現代科學的各門學科之間是相互交錯，又相互聯繫的，某一學科的偶然發現往往是另一門學科誕生或有重大突破的開始。

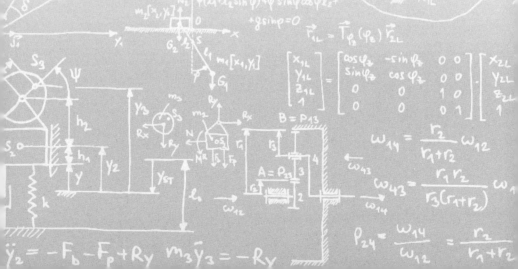

眼界大開

　　廣播節目的發送在廣播電台進行。廣播節目的聲波，經過電聲器件轉換成聲頻電信號，並由聲頻放大器放大，振盪器產生高頻等幅振盪信號；調製器使高頻等幅振盪信號被聲頻信號所調製；已調製的高頻振盪信號經放大後送入發射天線，天線將高頻能量轉換成無線電波輻射出去。

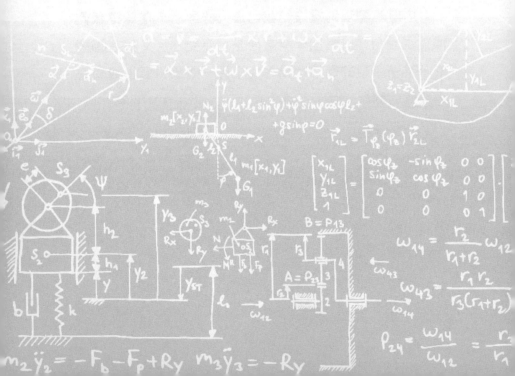

02 樂師驅「鬼」

在古代，洛陽有個和尚買了一個磬（註：形狀類似於鐘，是能發出聲音的樂器）放在房間裡。自從這個磬放在房間以後，經常無緣無故地發出「嗡嗡」的聲音。

這件奇怪的事情在寺廟裡漸漸傳開了，寺裡的和尚都認為這是鬼在作怪。他們想了許多辦法要把這「鬼」驅走，但都沒有實現。這時，買磬的和尚也被嚇出了病。

有一天，他的一位朋友來探望他，這個人是個樂師。樂師拿起磬敲了敲，左看看，右看看，折騰了好長時間也沒搞清楚是什麼原因，他也只好無奈地起身告辭。這時，寺裡的大鐘響了，那個磬也跟著「嗡嗡」地響起來。

樂師看了看磬，緊皺的眉頭舒展開了。他笑著說：「你不用擔心，明天我來把『鬼』趕走。」

第二天，樂師果真來了，他從懷中取出一把銼刀，在磬的不同地方狠狠地銼了幾下。自從銼過以後，那個磬再也沒有發出「嗡嗡」的聲音。

　　這時，寺裡的和尚都前來問樂師緣由，樂師告訴他們，那是因為寺裡大鐘的頻率和磬的頻率一樣，產生了共振。把磬銼了以後，它與大鐘的頻率就不同了，也就不會隨便地響了。

知識點睛

　　如果隊伍走路的步伐一致，也會產生一定的頻率，很可能和其他物體產生共振，並且威力有可能大得嚇人。隊伍過橋的時候，一定不能走正步，就是這個原因。

眼界大開

樂器頻率表

	基音域	泛音域	伴隨雜訊域
鋼琴	27.5Hz	4188Hz	7040Hz
大提琴	61,7Hz	1588Hz	18372Hz~16774Hz
中提琴	140Hz	2350Hz	9500Hz~18799Hz
小提琴	180Hz	4100Hz	9500Hz~18800Hz
男低音	82.5Hz	392Hz	8350Hz
男中音	120Hz	460Hz	8370Hz
男高音	173Hz	650Hz	8370Hz
女低音	190Hz	1318Hz	8200Hz
次女高音	240Hz	1396Hz	8200Hz
女高音	260Hz	1590Hz	8820Hz

03 從暖瓶到管樂

小英在家是個勤勞的孩子，打水、洗碗等家務活全會做。一天，她打水時，無意中用耳朵聽了聽暖瓶的聲音，發現暖水瓶裡有聲音，她非常疑惑。她打了很長一段時間的水，灌暖水瓶的時候，熱氣騰騰，很難看清水是否灌滿，但是幾乎都聽得出來，水是不是灌滿了。

剛一開始水瓶是空的，水撞擊瓶底發出低沉的咚咚聲，隨著水位的升高，聲音變得尖細起來。因此，小英透過聽聲音的變化，就可以準確地知道暖水瓶是不是灌滿了。

但這是為什麼呢？為了尋求本源，小英找到了自己的物理老師，恰巧他們下周就要上聲學課了，老師說：「下周做實驗課，我給你解謎吧！」時間很快就到了做實驗課了，老師開課前就和同學們說：「讓我們先尋找一下這個聲音是怎麼發出來的。用一支鉛筆輕輕地敲一下玻璃瓶膽，瓶膽發出的聲音和灌水時聽到的完全不一

樣。看來，那聲音不是玻璃瓶膽發出來的。」

　　同學們都議論紛紛，小英體會最為深刻，她可想得知這瓶膽裡還有什麼？空氣和水？似乎也不像流水發出的嘩啦嘩啦的聲音，「嫌疑犯」就是瓶子裡的空氣嗎？老師說：「別看空氣看不見摸不著，但空氣是我們這世界中聲音的主要發生和傳播者。」

　　老師接著又說：「小英，你現在可以利用這個知識解釋灌暖水瓶時聽到的聲音了。」小英說：「水灌進暖瓶裡，擾動了空氣，使空氣振動，隨著水位的增加，上方的空氣柱變短，所以音調變高。」

　　老師說：「現在，我們進一步把這個道理推廣開來，便可知道，這也是許多管樂器發聲的原理。

　　「其實，笛子是用一根竹管做成的，在側面開了許多孔。吹笛子的時候，用手指堵住不同的側孔，就能改變音調。堵住側孔的作用，就是在控制笛子內空氣柱的長度。笛子管內空氣柱的長度是從吹口處到第一個被打開的側孔計算的。如果用手指把側孔全部堵上，空氣柱最長，音調最低，把最靠吹口的一個側孔打開，空氣柱最短，這時候音調最高。你再想想，單簧管、雙簧管等管樂器，不也是用這個道理嗎！

　　「原始的號也是一樣，這種樂器很長，西藏喇嘛寺舉行慶典的時候，吹的法號有十幾公尺長，發出的聲音

很低沉。如今把號管卷起來，這也是一個聰明的發明。」

這節課之後，小英和她的同學都增長了不少知識。

知識點睛

中國古代學者曾經利用空氣柱的長度和體積來統一全國的度量衡。他們選擇十二個音律管中的第一根，即黃鐘律管，作為度量衡的標準。把它的長度定為九寸，用它作為全國度量衡的基準。各地方都保存著由中央統一翻造的黃鐘律管，好隨時對照。

眼界大開

當發聲體振動時，在空氣中產生聲波，如果空氣振動的頻率和另一個發聲體的固有頻率相同或接近，該發聲體也會振動起來，發出聲音，這種現象叫做聲音的共鳴。

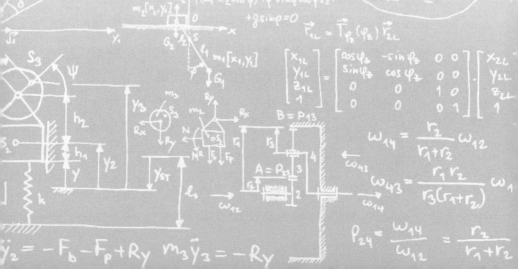

04 聚焦聲音

在義大利的西西里島上，有一個石窟，人們給它起了一個怪名字，叫做「傑尼西亞耳朵」。人們只要站在石窟入口處的某個地方，就能聽到很遠處窟底的聲音，就連很微弱的聲音，甚至人的呼吸聲都能聽到。

在古代的傳說中，暴君傑尼西尼就把囚犯都關在這裡，犯人所說的話都可以竊聽到，在當時的情況下，他們一直不明白是誰洩漏了犯人之間的祕密，後來人們才發現這是聲音聚焦的原因。

隨著後來科學的發展，哪怕街上有兩個人正在低聲交談，遠處的人聽不清楚他們在說什麼，只要屋裡的一個人打開一把大陽傘，傘口對準窗戶外面的說話人，在靠近傘柄的地方，談話聲就會變得清晰起來。

一個凹面鏡可以把陽光會聚到一個點上，聲音也可以用一個類似凹面鏡的東西會聚在一起。在科技館裡，有相距十幾公尺遠彼此相對的大凹面鏡，在一個鏡子的前面小聲說話，站在另一面鏡子面前的人就可以清楚地

聽到說話的聲音，這就是聲音的鏡子。

知識點睛

天壇的聲學奇蹟是中國古代建築匠師的卓越創造。這裡只說說天壇圜丘。圜丘是三層的石檯，每層都有台階可以拾級而上，每層檯子的周圍都安著欄杆。最高層離地5公尺多，半徑15公尺。

人們登上檯頂，站在圜丘的圓心石上喊話，這時聽到的聲音特別洪亮，祕密在哪裡呢？原來台頂不是水平的，而是從中央往四周坡下去。人們站在台中央喊話，聲波從欄杆上反射到檯面，再從檯面反射回耳邊來；或者反過來，聲波從檯面反射到欄杆上，再從欄杆反射回耳邊來。又因為圜丘的半徑較短，所以回聲比原來的聲音延遲時間更短，以致相混。

據測驗，從發音到聲波再回到圓心的時間，只有0.07秒。說話者無法分辨它的原音與回音，所以站在圓心石上聽起來，聲音格外響亮。但是站在圓心以外說話，或者站在圓心以外聽起來，就沒有這種感覺了。

眼界大開

　　北京天壇的回音壁是中國迄今保存較完好的具有回音效果的古代建築，回音其實是聲音反射作用的結果。中國各地某些半圓形拱門、拱橋、英國倫敦聖保羅教堂等都是聲學與建築學結合的產物。

　　回音壁有回音效果的原因是皇穹宇圍牆的建造暗合了聲學的傳音原理。圍牆由磨磚對縫砌成，光滑平整，弧度過度柔和，有利於聲波的規則反射。加之圍牆上端覆蓋著琉璃瓦使聲波不至於散漫地消失，更造成了回音壁的回音效果。

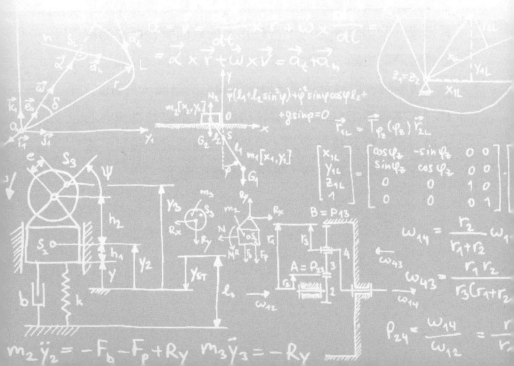

05 聲音殺手

在20世紀50年代，曾在馬來半島的麻六甲海峽上發生了一件令世人大嘩的奇案，一艘名叫「烏蘭・米達」號的荷蘭貨船在經過麻六甲海峽時，船上的全體船員以及攜帶的一條狗全部死亡。經調查發現，他們沒有外傷，也沒中毒的現象，倒像是心臟病突然發作而死亡的。

幾十年都過去了，偵破工作仍然沒有絲毫的進展，直到最近，案件才偵破，你們知道這個殺手是誰嗎？那就是看不見、聽不著的「次聲波」。

次聲波是一種聲波，它比普通的聲音振動得慢一些，每秒鐘振動不到20次。因為它振動得太慢，人的耳朵就聽不到它了。

雖然用耳朵聽不到，它對人體的危害卻非常大。專門提供的實驗告訴人們，用強力次聲波照射人體可能引起感覺失常，人會感到步履維艱，似乎有個力在強迫其旋轉，這時眼球也不由自主地轉動。

在次聲波強度很高時，超過100分貝的「響度」——所有這些現象都被觀察到了。當「烏蘭·米達」號駛過麻六甲海峽時，海面發生了強大的風暴，產生了這一事件的殺手次聲波。在外界次聲波的不斷激勵之下，心臟吸收了次聲波的能量而強烈地顫動起來，由此導致心臟狂跳、血管破裂，最後心臟停搏、血液停止流動而導致死亡。

次聲源基本上是天然產生的，也許你們還一直不十分瞭解它。最近幾十年來地球物理學的發展加速了科學家對次聲的研究。

知識點睛

次聲波會產生危害，但是也可以被我們利用。由於次聲波波長大，容易繞過障礙物而繼續傳播，因此它能傳播得很遠，即使「旅行」千里，它的強度減弱也很少。人們可以利用這一特點，以颱風為例，颱風中心的巨大海浪可以產生8Hz～13Hz的次聲波。

它以比颱風快得多的速度向海岸傳來，這樣，接收次聲的儀器可以指出颱風的襲擊方向和強度，使人們早有準備。

 眼界大開

人類周圍的次聲波：

1.自然次聲：

如狂風暴雨、閃電雷鳴、極光放電、流星爆炸、火山爆發以及地震、海嘯、颱風等都可以發出頻率在0.01Hz～10Hz的次聲波。

2.人體次聲：

人體本身也是次聲源，如心臟跳動可發出5Hz～20Hz的次聲波。我們稱之為人體次聲。

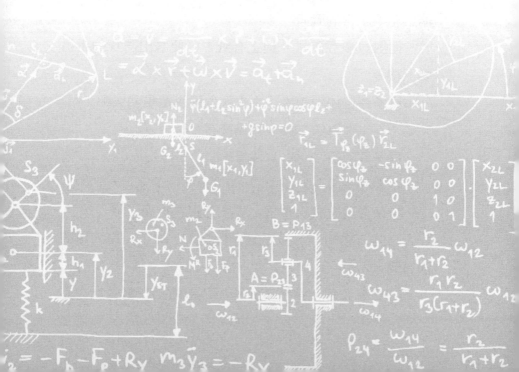

06 大擺鐘告密

貝多芬的耳朵變聾之後，他在暑假時大多都去維也納附近的鄉村避暑。

在這裡，有貝多芬的好友哈萊曼，他雙目失明，也是孤身一人，所以他們經常在一起彈鋼琴。一天晚上，貝多芬正彈著鋼琴，坐在一旁傾聽的哈萊曼忽然聽到二樓上有不正常的聲音。

他對貝多芬說：「樓上有賊！」便拿出防身的手槍要上樓。

貝多芬拉住他說：「你去太危險，還是我去吧！」

「不。你看看二樓有燈光沒有？」

貝多芬回答：「一片漆黑。」

「太好了。」

哈萊曼說著就上樓去，貝多芬跟在後面。

打開二樓的門，一點聲音都沒有，除了一座大鐘的滴答聲。

貝多芬心想，竊賊在哪裡呢？他還正在緊張地在黑

暗中搜索目標，突然，哈萊曼悄悄地走過來，向貝多芬比劃了位置，隨著槍聲響了，接著是一聲慘叫，有人撲通倒地。

　　貝多芬急忙打開燈，看到竊賊躺在大座鐘的前面，屋裡的櫥子、箱子已被撬開，東西散落一地。他們立即向員警報警。

　　竊賊一槍命中，貝多芬對哈萊曼非常佩服。

　　他問：「你是怎樣知道竊賊的位置的呢？難道你聽到他心臟跳動的聲音了？」

　　「不，朋友。雖說盲人的聽覺敏銳，可還聽不到這麼遠的心跳聲。應該說，正是因為聽不到聲音才使我知道他在哪裡的。」

　　聰明的貝多芬環顧了四周，又看了看大座鐘，恍然大悟：「噢！我明白了……」

　　哈萊曼為什麼能發現竊賊的位置呢？因為聲音在空氣裡是從聲源向四面八方沿直線傳播的。

　　當時，竊賊恰好站在大座鐘的前面，擋住了滴答作響的鐘擺聲，使哈萊曼注意到這時聲音不如平常那麼清晰了，他以敏銳的聽覺，準確地判斷了竊賊在鐘前的位置。

知識點睛

　　聲音是由振動產生的。當你說話時，就引起空氣振動，振動傳播出去，只要某人的耳朵接收到了這種振動，他就會聽到你的聲音。聲音能夠在固體、液體中傳播，也可以通過空氣或其他氣體傳播。隨著聲音的傳播，空氣中的分子被擠壓在一起，接著被分開，然後又被擠壓，再被分開，如此反復，就產生了聲波。

眼界大開

　　貝多芬，1770年12月16日出生於萊茵河畔離法國國境不遠的小城市波恩，他早期（1792～1802）的創作，比較著名的有《悲愴》、《月光》和《克羅采奏鳴曲》及《第三鋼琴協奏曲》等。在這期間，他對社會與政治諸問題又有進一步的理解，已能意識到他努力探尋的目標，從此他的創作進入了成熟時期。

　　中期（1803～1817）創做出大量優秀的作品──第三至第八交響曲、第四第五鋼琴協奏曲等等。從1818年起，在貝多芬一生的最後10年當中，他又創作了一些很有獨創性的作品，包括一些鋼琴奏鳴曲和絃樂四重奏、《莊嚴彌撒曲》，還有一部總結了他一生的創作活動的《第九號交響曲》。

07 土著人的哨聲

有兩個英國人隨殖民軍來到非洲掠奪金剛石礦，不巧的是，剛進來就被當地的土著人包圍了，被逮到了一間黑屋子裡。

「我也想不通，他們是怎樣發現我們的呢？為什麼一下子過來這麼多人包圍我們？」矮個子說。

「我們太大意了嗎？也沒有啊，我們一直保持高度警戒啊！」高個子自問自答，「上一次，我們得手了，只要聽到土著人吹哨的聲音，就知道他們發現了我們，並且召集他們的人來包圍我們。可是我們及時撤退了。」

「是啊，他們是用哨音來傳訊的。」

「我觀察到，他們見到外人時，就吹一聲長長的哨音告訴其他的土人；見我們走了，他們就吹兩短聲，其實他們是很聰明的。」

他們雖然被抓了，但還是看不起土著人。

「這次……看來這部落的土人比那個部落更聰明。」

「他們到底是怎樣傳訊的呢？」

「我看見他們在吹放在嘴裡的一個東西。」

「是什麼東西？」

「看不清。那東西很小，吹的時候好像十分費力，但是聽不到聲音。吹哨的人還帶著一條大黃狗，這狗很聽主人的話，跟在後面一聲不吭，只是偶爾抬頭看看主人。」

「奇怪，人不喊，狗不叫，那麼遠處的人怎麼知道我們來了呢？」

「唉，落得這個下場，也是罪有應得！」

「人家的金剛石，當然不願意被別人搶走！」

但土人傳消息之謎，他倆始終也沒弄明白。

其實，當地土人也是靠哨音傳給遠方同伴的，不過，他們用的哨子很小，發出的不是普通的聲音，而是每秒鐘振動幾萬次的超聲波。

人耳聽到的聲音，最低是每秒鐘振動16次的聲音，最高是每秒鐘振動2萬次的聲音，再低再高就都聽不見了。但狗能聽見超聲波，土人訓練狗，使它一聽到超聲波就抬頭蹭蹭主人，主人知道情況有變，就吹哨向遠方發出超聲波，一站接一站，各處的土人很快都知道了，一起趕來包圍偷金剛石的殖民者。

知識點睛

超聲波是頻率在20KHz以上的聲波，它不能引起人的聽覺，是一種機械振動在媒質中的傳播過程，具有聚束、定向、反射、透射等特性。

它在媒質中主要產生兩種形式的振動即橫波和縱波，前者只能在固體中產生，而後者可在固、液、氣體中產生。

眼界大開

超聲提取方法是應用超聲波強化提取植物的有效成分，是一種物理破碎過程。超聲波對媒質主要產生獨特的機械振動作用和空化作用。

當超聲波振動時能產生傳遞強大的能量，引起媒質質點以大的速度和加速度進入振動狀態，使媒質結構發生變化，促使有效成分進入溶劑中；同時在液體中還會產生空化作用，即在有相當大的破壞應力的作用下，液體內形成空化泡的現象。

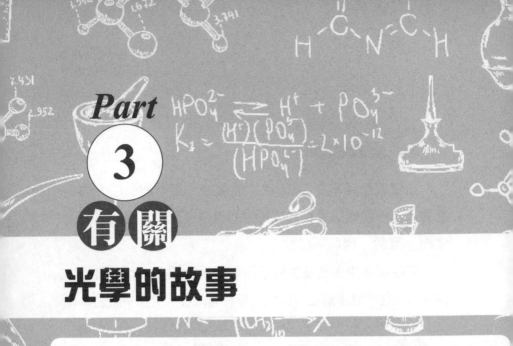

Part 3

有關

光學的故事

光學是關於光和視覺的科學，早期只用於跟眼睛和視覺相聯繫的事物。今天常說的光學是廣義的，是研究從微波、紅外線、可見光、紫外線直到 X 射線的寬廣波段範圍內的，關於電磁輻射的發生、傳播、接收和顯示，以及跟物質相互作用的科學。

光學分成幾何光學、物理光學和量子光學。同時由於光學有著廣泛的應用，所以一系列應用背景較強的分支學科也屬於光學的範疇。光學是物理學的一個重要組成部分，也是與其他應用技術緊密相關的學科。

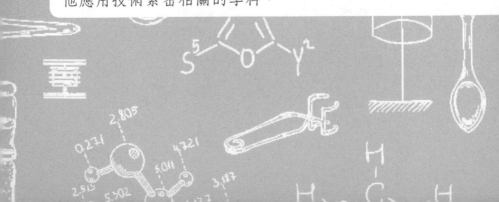

01 霧都的貢獻

說起這個小小的尾燈，還有一段小故事。

在20世紀30年代，腳踏車在英國風行一時，但英國是一個多霧的國家，腳踏車的出現給交通安全帶來了很大的隱患。因此，英國政府為了想出一個辦法解決這個問題，懸賞徵集建議。

這就是我們現在使用的尾燈。

尾燈看起來是一片塑膠，其實作用和構造很奧妙。當汽車燈光照向腳踏車時，腳踏車的尾燈能強烈地發亮，引起司機的注意。你也許認為那與鏡子的作用相同。

其實不然，要想看見鏡面發射的光，入射光線必須垂直於鏡面，觀察的人也必須正對著鏡面，若光從側後方照射時，由於光反射向另一側，觀察者就看不到反射光。

小平一直很注意觀察周圍的事物，她非常想理解尾燈的原理，就找了自己的物理老師。於是，她的老師做了一個實驗：把一個夾角為90°的偶鏡直立在櫃子上，讓鏡子的中間部分距地面的高度和人的眼睛距地面的高度

相同。

　　取一個手電筒，把它靠在人頭部的一側，讓它和眼睛在同一水平線上。打開手電筒，讓光線水平入射到偶鏡中，人會從偶鏡中看到炫目的反射光線。不管你站在什麼方向，只要保證光線沿水平入射，用光的反射定律可以證明，反射光線總是沿著原來的方向扳回。

　　老師說：「如果光線不沿水平入射，反射光也就不沿原路返回，而射向另外一個方向，這種情況怎麼辦呢？這並不難辦，只要把三面相互垂直的鏡面裝在一起，就像一個箱子的一角一樣，問題就解決了。」

　　這種裝置叫「角反射器」。三面鏡子組成的角反射器有三條公共的稜邊，相當於三個偶鏡，因此光線無論從什麼角度射到它上面，都會沿著原方向反射回來。

　　仔細觀察尾燈的紅色塑膠片上有很多突起的部分，每個突起的部分都是一個角反射器。汽車的前燈照在它上面的時候，就能把光按原來方向反射回去。其實公路上的「貓眼」就是一些簡易的角反射器。

 知 識 點 睛

月球上也有「貓眼」，這個「貓眼」就是角反射器。1969年7月，「阿波羅」11號的太空人首次登上月球時，他們把角反射器裝在了月球上。這個角反射器的品質是30千克，由100塊熔融石英直角稜鏡組成。自那次以後，又陸續送上去四塊，它們的面積更大。

 眼 界 大 開

在天空飛行著的數十個人造衛星上，也都裝有大大小小不同的角反射器。當從地面向月球或這些人造衛星發射雷射時，無論月球或人造衛星運行到什麼方位。這些角反射器總能把光線反射到原來發光的地方，在它們的幫助之下，地球上的人們可以精確地測定它們的距離、速度與加速度。

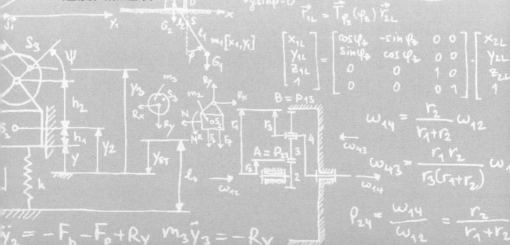

02 寶藏在哪裡

古代有個財主，家中有世代相傳寶物，這個寶物的樣子像一個銅製的圓筒，圓筒上頂著一個蓋子，蓋子上趴著一條龍，蓋子和筒口之間有一段距離，他們能向筒裡放東西，但看不到筒底，因為蓋子擋住了視線。

聽說在筒底刻著字，誰能看見那些字，就知道祖先留下的財寶在哪裡。不過這只是祖輩傳下來的一個故事，誰也沒有真的相信，更不想弄壞這個傳家寶來證實這個莫須有的傳說。

當這個傳家寶到了第十二代時，這個人終於想揭開謎底，他在沒損壞寶物的情況下看到了筒底祖先刻下的字。

原來，一天他無意中把水倒進筒裡，發現筒底好像升高了，透過圓筒和蓋子的縫隙可以看到筒底的文字。上面寫著：「寶藏在知識裡。」

這個傳說也許不是真的，但科學道理是對的。現在可以用一個實驗來證實它：把一枚硬幣放在一個搪瓷口

杯裡,把口杯放在桌子上向前推,直到看不見杯底的硬幣為止。此時不要晃動你的頭,向杯子裡倒水。你會重新看見那枚硬幣,覺得硬幣升高了大約1/4。

其實這是光線耍的把戲,當光線從一種媒質斜射到另一種媒質的時候,會偏離原來的方向發生折射,才使你看到了硬幣。實驗指出:當光線從空氣射向水的時候,光線靠近法線(和分介面垂直的線);當光從水中射向空氣的時候,光線遠離法線。筒底的文字反射的光在從水裡射向空氣的時候,由於折射向筒邊偏了一些,所以才能穿過蓋子和筒邊的空隙,使這位好奇的主人看到了它。

知識點睛

光在不同的媒質裡傳播速度不同,就好像車子行在不同品質的道路上,在柏油路上的速度快,在沙石路上速度慢。

假如我們把一輛兩輪車斜著從平坦的道路推到沙土路上時,在道路的分介面上,車子會拐彎,原因是一個輪子會先遇到沙土,它的速度立即減下來,而另一個輪子按原來的速度前進,兩個輪子的速度不同。等到兩個輪子同時進沙子地後,車子又會沿直線方向前進。

眼界大開

光線從空氣中（精確地說是從真空中）進入某一種透明物質，傳播速度減少得越多，折射得就越厲害。光在真空中的傳播速度和某種媒質的速度之比稱為折射率。水的折射率是1.33，普通玻璃的折射率是1.5。

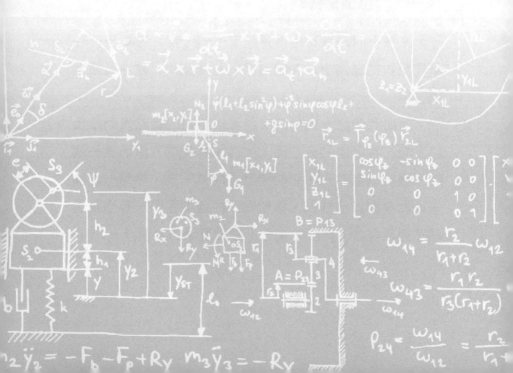

03 迷人的鑽石

小張和小關準備結婚了，小張想給自己愛人送一樣代替心意的禮物，他左思右想，還是決定去商場買個鑽戒。鑽石戒指代表著高貴，價格不菲，小張聽說現在有很多假鑽石，於是，他請上了高中的同學，這位同學是這方面的行家，他向小張分析怎樣辨別真假鑽石。

他說：「鑽石又叫金剛石，它的『出身』並不高貴，成分和煤一樣，但是，由於只有在高壓下，碳才會變成金剛石，所以天然的金剛石極為稀少。目前已經可以用人工的方法在高壓下製成小顆粒的鑽石。」

「對一般人來說，最感興趣的是鑽石的光學魅力。白天在陽光下，它光芒四射，八面生輝，變幻不定的七色彩虹璀璨奪目；在夜晚，由於沒有光的照耀，任何東西都失去了光彩，唯獨金剛石熠熠放光。『夜明』使金剛石又蒙上了一層神祕的色彩。」

「其實，天然的金剛石並不這樣美麗，必須經過加

工磨制。例如鑽石的某一種樣式，它有50多個稜邊。裝飾在英王杖上的一顆取名為『非洲之星』的名鑽有74個稜面。從一開始人們不知道怎樣加工這種世界上最硬的東西。」

這位同學說：「磨這麼多的稜邊不僅是賦予金剛石一個美麗的外形，其中還有許多光學的奧祕，在當時人們並不瞭解其中的科學道理。」

「如果把普通玻璃也磨成這種形狀會不會有這種效果呢？鑽石的獨到之處是對光的折射率在所有透明物質中名列榜首。當光線從一種媒質進入另一種媒質，由於在兩種媒質中的傳播速度不同就會發生折射。

折射率大的物質，不僅能把光線折射一個大角度，而且很容易出現全反射現象。實際上，鑽石的魅力都源於它的全反射能力。」這位同學分析道。

「夜晚，如果屋子裡沒有光，但是，外面的遠處某些地方肯定有光。當這些光射入到鑽石後，由於金剛石的透光本領特強，折射率最大，所以光線被它的眾多稜面反射、折射到與入射光完全不同的意想不到的方向。你看到它發出的閃閃亮光，但想像不出光源在哪裡，感到十分神祕，就像鑽石自己能發光一樣。

如果把鑽石飾品帶在身上，隨著身體的轉動，反射和折射的光線變化莫測，色彩也隨之不斷地變化，光芒

閃爍會更加迷人。」聽完這一段分析之後，小張明白了
該怎樣辨別真假鑽石。

 知識點睛

普通的玻璃全反射的臨界角在50°左右，全反射現象
不明顯。所以，就是外行也可以區別玻璃跟鑽石。

但是，現在用人工的方法能製造出折射率很接近金
剛石的玻璃，用這種玻璃製成的飾品，在光學效果上很
接近鑽石，達到亂真的地步，但是硬度和其他的性質則
完全不同於鑽石。買鑽石的時候你可別上當啊！

 眼界大開

據記載，印度早在距今三千年前便已發現鑽石。18
世紀以前，印度是世界鑽石的唯一產地。

1827年巴西發現鑽石。1866年非洲發現第一顆鑽石。
中國發現鑽石只有兩、三百年的歷史。

04　盲人辨黑白

這天，太陽暖洋洋的，有一位盲人家裡醃菜的罈子破了，他決定吃過早飯之後就上街去買個新的。

走在大街上，他就聽到有人在西邊的牆腳下喊：「賣罈子！有黑的，有白的，品質第一，做工漂亮，價錢適宜，童叟無欺！」

一面喊還一面用小棍敲著擺滿一地的罈子，發出清脆的聲音。

「你這兩種罈子大小一樣嗎？什麼價錢？」盲人走過去問。

「大小形狀都一樣。不過，白罈子要比黑罈子貴，黑的十塊錢一個，白的十八塊錢一個。」

「這我知道，白罈子燒制的時候，火要更旺，它的質地比黑的更堅硬。」盲人說。

「先生是個行家啊！你要哪一個？」

「要白的，你給我挑一個吧！」

　　賣罈子的人拿了一個白罈子，剛要給他，忽然靈機一動，心想，我倒要見識這位盲人的真本事。於是隨手換了一隻黑罈子遞過去，還用小棍敲了敲，聲音同樣清脆，說明是好的，也沒有裂紋。

　　盲人憑耳朵聽出這是個好罈子，接過來裡裡外外摸了一遍，然後又摸了摸地上的幾隻。這一摸，盲人生氣了：「這是個黑罈子！你竟然是個騙子。」

　　「先生請不要生氣，」賣罈子的一看事不好，趕忙解釋，「我不是存心騙您，真的不是，而是想見識一下您的本事。果然身手不凡，非常佩服。向你道歉了，這罈子送給你，不要你的錢。」

　　「誰要你送，錢一分不少你的。」

　　「敢問先生以前燒過陶器？你又看不見，卻如何分辨黑白呢？」

　　「有神仙幫助！」盲人還在生氣呢。

　　賣罈子的人一再道歉，盲人相信了他的確不是有意欺騙，就告訴他：「我是靠手的感覺判斷的。你的這些罈子讓太陽一曬，都變暖和了。可是，黑色吸熱多，白色吸熱少，所以黑罈子就比白罈子更暖和些。盲人眼看不見，就只有靠耳朵聽，靠手摸，久而久之，耳朵和手比你們的靈。我摸了幾個罈子，就很容易分辨哪個是黑的，哪個是白的。其實，我不用手摸，只靠耳朵聽也能

分辨出這兩種罈子。」

　　他邊說邊用小棍敲罈子，「你聽，雖說兩種罈子的聲音都清脆，因為白罈子質地更堅硬，聲音就更高些、更脆些、更實些。當然啦！用手摸不是更簡單嗎？」

　　原來，盲人是靠熱輻射的規律而分辨黑白的。最後盲人付了錢，抱了一個白罈子滿意地回家了。

　　在太陽光底下，兩個人分別穿上一件白襯衣和黑色襯衣，哪個人的溫度會更高？這肯定是穿黑色襯衣的人，因為黑色吸熱快，所以他的身上溫度高。

　　1911年諾貝爾物理學獎授予德國烏爾茲堡大學的威恩（Wilhelm Wien，1864～1928年），以表彰他發現了熱輻射定律。

　　熱輻射是19世紀發展起來的一門新學科，它的研究得到了熱力學和光譜學的支持，同時用到了電磁學和光學的新技術，因此發展很快。到19世紀末，這個領域已經達到如此頂峰，以致於量子論這個嬰兒註定要從這裡誕生。

05 白襯衫與藍墨水

小慶只有一件白襯衫，非常珍貴，只有重要日子才穿出來。但白襯衫穿久了也漸漸發黃，媽媽給他洗衣服的時候會在水盆裡滴幾滴純藍墨水，漂洗過後白襯衫顯得更白，小慶一直不知道為什麼。

帶著疑問，小慶去找自然老師，於是，老師帶著小慶一起來到了實驗室。

老師說一個小實驗便可以揭開這個謎。在一碗水裡放一些增白劑，調勻。在一個暗屋子裡用強光照射，小慶發現溶有增白劑的水會發出藍盈盈的光。

其實，增白劑不是真正地把衣服上的黃色褪掉，而只是欺騙了你的眼睛。

原來增白劑在陽光中紫外線的照射下會發出藍色的螢光，這種螢光和衣服上的黃光混合起來再進入你的眼睛裡，就感覺到是白色的，所以增白劑不損壞衣料。許多洗衣粉和肥皂裡都加有增白劑。

兩種顏色不同的光混合以後，人感覺到的就是另外

一種顏色。用兩支手電筒罩上藍、黃不同顏色的玻璃紙，把一束藍光和一束黃光照在牆壁上，如果光的強度配合好，重合的部分就是白色的。

自然界裡大多數的顏色都可以用紅、綠、藍三種顏色的光按不同的比例混合而成，所以紅、綠、藍三種光又稱作三基色光。

 知識點睛

彩色電視機螢幕上的五光十色，就是利用了紅、綠、藍三種光按不同比例混合得到的。不信，你可以在看彩電的時候做個實驗。

用一個放大鏡或爺爺的老花鏡湊近正在播送節目的電視螢幕看看。在放大鏡裡你會看到螢幕上的彩色圖像，變成了一些緊緊挨在一起的彩條，它們是由紅、綠、藍三種顏色的彩條組成的。

 眼界大開

洗衣粉含有螢光增白劑等化工原料。螢光增白劑是致癌物質，可使人體細胞發生畸變，也可引發皮炎和皮膚瘙癢。此外，接觸洗衣粉久了，可能會造成動作呆滯、脾臟縮小。

　　對含磷洗衣粉來說，磷酸鹽會對皮膚產生不良刺激，
導致濕疹、皮炎。應使用無磷洗衣粉，在洗衣時多漂洗
幾遍，做到衣物中不殘留洗衣粉；不可用洗衣粉來清洗
茶杯、餐具，更不要用來洗食用肉類和蔬果。

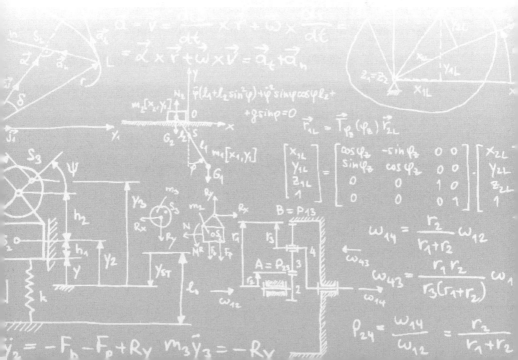

06 神奇的光纖

小明是個愛思考的孩子，他在家裡或者外面見到自己好奇的事物就會追根究柢，他爸爸一點都不感到厭煩，對於兒子喜歡動腦的習慣非常贊同。

有一天，小明見媽媽在家打電話，他的腦海中萌生了一個疑問：「電話是透過什麼東西傳輸信號呢？」於是，他衝到書房找爸爸問個究竟。

爸爸說：「電話的信號是由光纖來傳輸的，光纖是細如髮絲的玻璃纖維。最早提出利用光纖進行通訊設想的是英籍華人高錕，他還用最好的玻璃製成了第一批光纖。把若干根光纖合在一起就成了光纜。

與電纜相比，光纜有重量輕、成本低的優點，而且能節省大量資源。利用光纖通信，還有傳輸信息量大、傳輸損耗小、無電磁輻射及保密性好、抗干擾等優點。」

「兒子啊，光纖傳送資訊的本領有多大呢？」爸爸問道。小明當然很開心地說想知道。爸爸說：「據計算，如果用一根由32條光纖組成的、直徑不到1.3公分的光

纜，可以同時傳送50萬路的電話和5000個頻道的電視節目。如果將光纖接入家庭，那麼，你可以在『滴答』的1秒鐘內，給朋友傳送去50多張DVD的內容，真是快得驚人！」

知識點睛

人們發現，光能沿著從酒桶中噴出的細酒流傳輸；人們還發現，光能順著彎曲的玻璃棒前進。這是為什麼呢？難道光線不再直進了嗎？

這些現象引起了科學家丁達爾的注意，經過他的研究，發現這是全反射的作用，即光從水中射向空氣，當入射角大於某一角度時，折射光線消失，全部光線都反射回水中。表面上看，光好像在水流中彎曲前進。實際上，在彎曲的水流裡，光仍沿直線傳播，只不過在內表面上發生了多次全反射，光線經過多次全反射向前傳播。

後來人們造出一種透明度很高、粗細像蜘蛛絲一樣的玻璃絲──玻璃纖維，當光線以合適的角度射入玻璃纖維時，光就沿著彎彎曲曲的玻璃纖維前進。由於這種纖維能夠用來傳輸光線，所以稱它為光導纖維。

一對金屬電話線至多只能同時傳送一千多路電話，而根據理論計算，一對細如蛛絲的光導纖維可以同時通一百億路電話！

另外，利用光導纖維製成的內窺鏡，可以幫助醫生檢查胃、食道、十二指腸等的疾病。光導纖維胃鏡是由上千根玻璃纖維組成的軟管，它有輸送光線、傳導圖像的本領，又有柔軟、靈活，可以任意彎曲等優點，可以經由食道插入胃裡。光導纖維把胃裡的圖像傳出來，醫生就可以窺見胃裡的情形，然後根據情況進行診斷和治療。

眼界大開

光纖結構一般分為三層：中心高折射率玻璃芯（芯徑一般為50或62.5μm），中間為低折射率矽玻璃包層（直徑一般為125μm），最外是加強用的樹脂塗層。

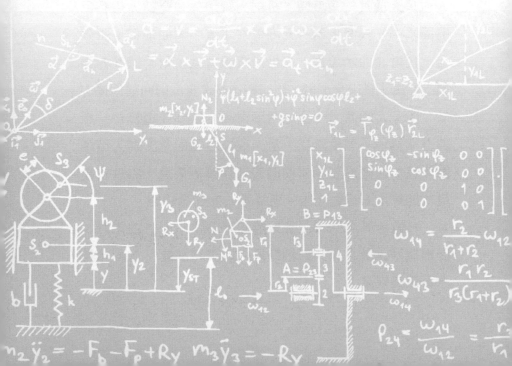

07 鈔票防偽技術

自從彩色列印機出現，每個國家都擔心這種機器會為犯罪分子造假鈔提供方便。於是，每個國家都在想著新的辦法對付這些犯罪分子。很多學者進行研究，導致後來防偽技術的出現——超微稜衍射圖案技術，讓人們在鈔票上面印的字從正面看是紅色的，稍一傾斜就出現了綠色或黃色。這種紙幣在複印後，則會失去變色的功能。

小涵對生活中的觀察非常細心，在一次光學實驗課上，她看見老師拿出一張舊唱片做實驗。老師介紹道：「一般唱片是黑色的，但是從某個角度望去，它上面會呈現出絢麗的色彩。你相信嗎？怎樣才能欣賞到唱片的彩虹呢？

「你們站在窗前，把唱片水平地舉到和眼睛差不多高的位置，以一隻手為軸，慢慢地轉動它，同時注意觀察從唱片凹槽上反射過來的遠處光線。轉到角度合適的時候，你會看到一大片彩虹。這是由許多組光譜組成的，

每組光譜都包括由紅到紫的七色。

「為什麼會出現這種七色呢？那是因為唱片上刻有密集的凹槽，它們均勻地排列在唱片上。光波射到這些凹槽上的時候，就會向四面八方散射開來。

這些散射的光波相遇後會發生加強和減弱，結果就把白光分解成了彩色的光譜。這個實驗有力地證明了光的波動性。」

此時，老師又說：「1821年，德國物理學家夫琅和費首先利用很多彼此平行的細金屬絲製成了第一個『衍射光柵』。金屬絲的數目每公分是一百三十六條。在科學實驗中常常要使用優質的光柵。它是在一塊玻璃的鍍銀面上用金剛鑽刻成的。那上面的刻痕要求排列均勻，而一個供科學實驗用的衍射光柵在一公分寬的間隔內則有上萬條或更多的刻痕。

光柵在科學實驗中最重要的用處，是對從物質發出來的不同顏色的光進行精確的分析，從而判斷物質的化學成分；科學家還利用光柵分析分子和原子的結構。」

這時，小涵從唱片想到了鈔票的顏色變化，於是，她向老師表示了自己的疑問，老師解釋道：「唱片是一個粗陋的光柵。一個慢轉密紋唱片在一公分寬的平面上只有一百二十條凹槽。但是雷射唱盤的凹槽要密得多，所以在雷射唱盤上很容易看到彩色。

097

「鈔票防偽使用了光柵技術。超微稜衍射圖案技術就是在鈔票的某一個部位透過印刷形成有規律的凹凸不平的光柵，所以才能產生變換的色彩。複印的偽鈔票失去了這種光柵效應，所以可以立即識別。」

 **知識點睛**

光柵是一種折射率週期性變化的光學元件。最常用的光柵是由大量等寬、等間距的平行狹縫組成的，通常是在一塊平面玻璃上用金剛石刻製、複製或用全息照相等方法製成。

 **眼界大開**

光柵不僅適用於可見光波，還能用於紅外和紫外光波，常被用來精確地測定光波長及進行光譜分析。以衍射光柵為色散元件組成的攝譜儀和單色儀是物質光譜分析的基本儀器之一。

光柵衍射原理也是晶體X射線結構分析和近代頻譜分析與光學信啟、處理的基礎。

08 小兒辯日

相傳在春秋時期，孔子東遊走過了一個又一個村莊。當他到達了一個村莊時，見到兩個小孩在村頭爭得面紅耳赤，誰也不服誰。孔子走過去問：「你們因什麼事情爭得這麼激烈？」

「我說太陽剛出來的時候離人近。」穿白色衣服的小孩搶著說。

穿著黃色衣服的小孩也說：「不對，太陽中午時離人近。」

「老夫子，您說誰說得對？」問著問著，孩子們又爭起來了。

「孩子們，都別爭了，你們認為自己對，就把理由說出來。」孔子說。

穿白色衣服的小孩又搶著說：「一個東西都是近了看著大，遠了看著小，不錯吧？太陽剛出來的時候，像車蓋那麼大（註：古代車上支起的車蓋，圓形，可遮陽遮雨，好似今天的傘。車蓋圓徑有一丈，約合2.3公尺），

而到中午變得像個菜盤子，不就證明太陽早晨近而中午遠嗎？」

穿黃色衣服的小孩爭辯道：「離火爐近了熱，遠了涼，這不錯吧？太陽剛出來的時候，涼涼的，而到中午熱得像在開水鍋裡一樣，不就證明太陽早晨遠而中午近嗎？」

兩個小孩子追問孔子：「老夫子，誰說得對呢？」

孔子訥訥地說：「你們都很有道理，但也不是全對……所以我不能判定誰說得對。」

兩個小孩子笑了：「都說老夫子見多識廣，原來也有不知道的事啊！」

孔子說：「知之為知之，不知為不知，這才是應有的態度啊。」

就這樣，小兒辯日的故事在中國已流傳了兩千多年了。兩個小孩各執一詞，都有道理，日遠日近卻只能有一個答案。我們不能責怪孔子連小兒的問題都回答不出，就是到今天，要清楚地解釋這個問題也不是件容易的事，它牽涉到光的折射、光的吸收、眼的錯覺等方面。經過歷代人的不懈探索，現在已經可以回答這個問題了。太陽中午離得近而早晨離得遠，相差大約是地球的半徑這麼長，但考慮到地球的大小與太陽相比，是太小太小；與太陽和地球的距離相比，是太小太小（參見下面的資

料），所以實際上應該說，中午和早晨太陽離我們同樣遠近。

地球的直徑：12741公里=1.3萬公里

太陽的直徑：1390000公里=139萬公里

日地的距離：149600000公里=14960萬公里

為什麼早晨的太陽看起來大呢？

這是眼的錯覺造成的。造成錯覺的原因有三：

（1）背景原因：早晨太陽在地平線，有房屋樹木作對比，顯得大；而中午高懸空中，周圍空曠，顯得小。

（2）亮度原因：早晨太陽亮度與周圍的亮度接近，顯得大；中午太陽亮度與周圍相差懸殊，顯得小。

（3）視線原因：看早晨的太陽是平視，顯得大；看中午的太陽是仰視，顯得小。

為什麼早晨感覺涼而中午感覺熱呢？那是與太陽的斜射、直射有關，與地面得到太陽熱量的累積有關。對同一地面來說，斜射時得到的太陽光少，直射時得到的多。

早晨太陽初升，地面本來是涼的，而到中午，太陽已照射半天，地面累積的熱量多，再加上太陽幾乎是直射，就感到熱了。

知識點睛

　　日出日落時間和太陽的高度在一年內不斷變化，而且隨緯度不同而不同。

　　1955年，中國著名天文學家戴文賽教授對這個問題作了深入的研究，並發表了論文《太陽與觀測者距離在一日內的變化》。

眼界大開

　　孔子（前551～前479年），中國春秋末期偉大的思想家和教育家，儒家學派的創始人。名丘，字仲尼，魯國人。孔子歸魯後，魯人尊以「國老」，初魯哀公與季康子常以政事相詢，但終不被重用。

　　孔子晚年致力於整理文獻和繼續從事教育。魯哀公十六年（前479年）孔子卒，葬於魯城北泗水之上。

09 漢武帝夢想成真

漢武帝開闢了漢朝繁榮昌盛的一個高潮，他一上台，就加強對地方和邊境的控制，發展農業和水利，強化對百姓的統治，推崇儒家學說，派張騫出使西域，鞏固邊防，使得天下充滿了祥和的氛圍。但有一樁心事攪得他不得安寧，就是他的愛妾李夫人年紀輕輕就離他而去，武帝時常在深夜思念她。

李夫人長得窈窕美麗，能歌善舞，深得武帝寵幸。她生病時，武帝親自前去床前問候，死後得以重葬。武帝又令人畫李夫人像，並擺在甘泉宮。雖說皇帝妻妾成群，可他絲毫沒有減少對李夫人的思念。一日，他將少翁叫到面前。

少翁是個出名的方士。方士是中國古代好講神仙方術的人，什麼修練成仙啊，長生不老啊，能見鬼神啊，不一而足，很得統治者的信任。武帝試圖用這種方法來減少自己對李夫人的思念，這位方士據說活到了兩百歲仍然面如童子，所以稱之不少翁。

「朕思念李夫人，能否再見她一面？」武帝問。

「可以，但只能在遠處看，不能同在一個帷帳內；只能夜晚見，不能在白天相逢。」

「那怎麼才能見到呢？」

「在深海裡有一種潛英石，青色，有暗花，它輕如羽毛，極冷時它溫暖，極熱時它又冰涼。取來潛英石，將它製成人的模樣，便像真人的神態一樣，皇上就能見到李夫人了。」

少翁的一席話，讓武帝頗為心動，立即派人去尋找潛英石，少翁拿到潛英石之後，立馬就動工按李夫人的圖像刻成人形。

入夜，一切準備就緒，少翁讓武帝坐在一個帷帳裡觀看。他面前燈燭齊明，在另一帷帳內列案擺著美酒肉脯。少翁口中念念有詞，這時，李夫人出現在前面的帳中，武帝不覺心花怒放。

可是時間不長，李夫人就徐徐退去。武帝沒能靠近她，她又匆匆離去，使他更添相思之苦，悲戚中作詩曰：「是也非也，泣而望之，偏何姍姍其來遲？」

後來，據專家分析，可能是利用影像在螢幕上表演，並認為這是中國歷史上最早的影戲記載。我們就叫它石影戲吧，後來還有手影戲、皮影戲。

其實，可以用物理現象來解釋少翁的影戲。

首先我們要明白影是怎樣形成的：光線傳播的過程中，如果被物體擋住，物體後面就出現影。所以，成影要具有三個條件：光源、物體和螢幕。

在少翁的影戲中，光源是燈燭，被光照射的物體是潛英石刻像，螢幕是帷帳。刻石的影投射到帷帳上，就顯現出李夫人的大體模樣。移動刻石時，它的影也移動，好像李夫人在走動。當然，以上只是一種可能的解釋，這種解釋也還有明顯的漏洞。再說，即便是以今天的技術重現了古時的現象，也還不能肯定已經破解了古代之謎。科學是極為嚴肅的事，不能想當然地下結論。

知識點睛

皮影藝術始源於秦、晉、豫黃河三角地帶，傳統的皮影分佈在四川、陝西、福建、廣東、山西、湖南、河北和北京等地區。

其中陝西的皮影比較著名，它的形象繼承傳統畫像磚的概括手法，臉譜、服裝吸取了傳統戲曲的精華。

眼界大開

漢武帝，名劉徹。是西漢的第五位皇帝，是具有雄才大略的一代雄主。他生於西元前156年，死於西元前87年，活了70歲。

他的父親是景帝劉啟，祖父是文帝劉恆，曾祖父是高祖劉邦。他4歲立為膠東王，7歲立為太子。西元前141年景帝病逝，16歲的劉徹登基，是為武帝。他是西元前141～前87年在位，共計54年。

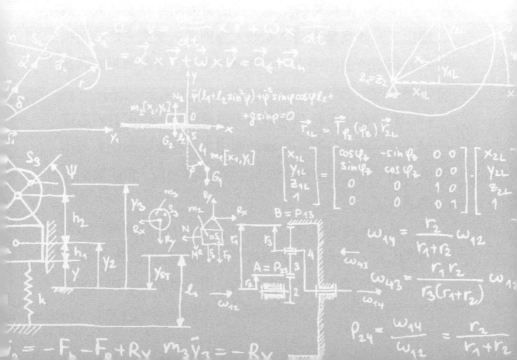

10 光的速度

「光的傳播是不需要時間的。」當你聽了這句話
之後，一定會覺得不可思議，可是，天文學家
開普勒，數學家、哲學家笛卡兒等一些大科學家都這樣
認為。為什麼會產生這種錯誤的結論呢？主要是光速太
快了。

後來，伽利略卻認為，光的傳播仍然需要時間。他
提出了一個測量方法：兩個人分別提一盞閃光燈站在相
距甚遠的兩個山頭上，甲先舉燈閃光，並從閃光時開始
計時。

當乙看到甲燈閃光時馬上舉燈閃光，在甲看到乙燈
閃光時，結束計時。這樣就知道了光往返兩個山頭所用
的時間，用這個時間去除兩山頭距離的2倍，就可算出光
的速度了。

光的傳播速度實在是太快了，光往返於兩個山頭的
時間太短，比人看到對方燈亮後再舉起自己的燈並讓它
閃光的時間還要短，所以伽利略用「舉燈法」測量光速

是不行的。

　　要想測出光傳播的時間，必須讓光通過很長很長的距離才行，既然在地球上的距離仍嫌太短，就要利用天上的星星，利用天體發生的現象去測量光速。

　　伽利略也曾經這樣設想過，丹麥天文學家羅默第一個測出了光速的數值，儘管誤差很大，卻是人類第一次測光速的嘗試。

　　法國物理學家菲佐說：「我要在地面上精確地測量光速。」後來他設計出巧妙的方法，成為在地面條件下測量光速的第一個人。

　　關鍵在於如何測量極短的時間。他在一個山頂安放了光源和一個高速旋轉的齒輪。在5英里（合8.633公里）以外的另一個山頭安放了一面鏡子。讓光源發出的光通過齒孔（假設是A和B兩齒的齒孔）射出去，射到鏡子上再原路反射回來。當齒輪不動時，返回的光仍能通過齒孔；當齒輪轉動時，就會被擋住，使觀察者看不到反射光。

　　但如果齒輪轉速加快，達到一定轉速，會在光線返回齒輪時，B齒恰好轉到原來發光時A齒的位置，反射光線正好又遇到齒孔；通過齒孔，又使觀察者看到光。

　　菲佐在實驗中所用的齒輪有720個齒，當轉速達到每秒鐘12.6轉時，反射光線恰好回到齒孔。他根據這幾個資料，就算出了光的速度為313300公里／秒。這個測量

資料在當時已是相當精確的了。

現在的公認值,光在真空中的速度是:

C=299792.458 ± 0.01公里/秒

菲佐在實驗中就已知齒輪轉速是12.6轉/秒,可知齒輪每轉一周所用的時間為1/12.6秒,每轉過一個齒所用的時間為1/12.6 × 720 × 2秒。這裡應該注意到,這個齒輪的每一個齒只占周長的1/2 × 720,而不是1/720,一個齒和一個齒孔加在一起才占周長的1/720。

光的總路程是:2 × 8.633公里。

那麼,光速:

C=t=(2 × 8.633)×(12.6 × 720 × 2)公里/秒。

 知識點睛

光的直線傳播規律——光在同種均勻介質中是沿直線傳播的。同種、均勻兩個條件必須同時滿足。光在同種不均勻介質中傳播也會發生彎曲、海市蜃樓、天體位置的視差等,都是由於大氣層不均勻使光折射造成的現象。

 **眼界大開**

光的傳播速度很快,光在1秒鐘內傳播的距離相當於繞地球7圈半。

11 鏡子也能變成武器

1747年的夏天，在法國巴黎，太陽高而藍，就像熱情的火焰一樣照射著大地。

在皇家的植物園裡，許多人都按照布豐的吩咐而忙碌著，他們正在佈置一個實驗。空曠的地上堆滿了木柴，離木柴70公尺遠的地方支著一個大木架，上面整整齊齊擺放著360塊鏡子，組成半球狀，每個鏡子都是15公分見方。

遠遠看去，這是一個有8平方公尺面積的凹面鏡。調整大木架的位置，可以使太陽光照到凹面鏡上，經過凹面鏡的反射，平行的太陽光就會聚在一點，並讓這一點落在遠處的木柴堆上。

會聚的光太刺眼啊！人們都睜不開雙眼去觀看。

太陽光能把木柴點燃嗎？時間一分一秒過去了，人們在期待著。布豐兩眼盯住那堆木柴，早已忘記了夏日的炎熱。

布豐的熱情為什麼這麼高呢？這要從阿基米德的傳

說說起。發現了浮力定律的大學者阿基米德，他不僅是物理學家，還是一個愛國者，當鄰國的侵略軍從海上進攻自己的國家時，為了保衛國家，他急中生智，讓全國的婦女把自己的鏡子拿出來站在斜拉古城堡，將太陽光一齊反射到敵人的木船上，結果，奇蹟出現了，聚焦的陽光把戰船全部燒毀了，成功地打敗了敵人。

這個傳說一直為人們津津樂道，流傳了一千多年。但是歷史學家認為，這根本是不可能的事。爭論一直在繼續，它引起了布豐的興趣，他想，為什麼自己不實驗一下呢？

正在他琢磨時，花園裡的木柴堆開始冒煙了，跳出火苗，劈啪作響，越燒越旺。

布豐成功了！

接著，他又將鉛拿來放到陽光的聚焦點上，結果，距離鏡面39公尺遠時，鉛被日光熔化了；又換成銀，距離18公尺遠時銀又熔化了。

根據布豐的實驗結果，我們可以猜測阿基米德是怎樣用鏡子燒敵人的木船的。

曾說古希臘時代所用的鏡子是青銅鏡，既沉重，反光又差，所以阿基米德用鏡子燒敵船的傳說，可能性還是有的。既然360塊小鏡子足以將70公尺遠的木柴引燃，那麼，假設阿基米德當時的太陽很毒，青銅鏡製作精緻，

調動幾千婦女上城牆，每人手持青銅鏡一齊照射幾十公尺遠的一條敵船——當時是木船，是有可能將船燒著的。

另有資料說，一位希臘工程師在1973年用70面1.5平方公尺的大鏡子，照射50公尺遠的划艇，幾秒鐘就著火了。

也有人說，根據布豐的實驗推知，要把1公里遠的大帆船點燃，需要1000面直徑為10公尺的大鏡子才行。以此計算，阿基米德需要動員上百萬名婦女站到城牆上去。那時哪有上百萬婦女的城市啊，由此得出結論，認為動人的傳說是憑空捏造的。

由於年代久遠，傳說已無法考證。現在只能說，這個傳說存有一定的可能性。

知識點睛

最早定量研究折射現象的是西元2世紀希臘人托勒密，他測定了光從空氣向水中折射時入射角與折射角的對應關係，雖然實驗結果並不精確，但他是第一個通過實驗定量研究折射規律的人。

1621年，荷蘭數學家司乃爾透過實驗精確確定了入射角與折射角的餘割之比為一常數的規律，故折射定律又稱司乃爾定律。

光折射的公式為n21=sinα/sinγ（n21為第二種媒質相對於第一種媒質的折射率，α為入射角，γ為折射角）。

折射率和光在各媒質中的速度有關，即n21=V1/V2；

而絕對折射率是光從真空進入某媒質的折射率：

n=C/V（注意：n21＝ 1 /n12，n12=n1/n2）。

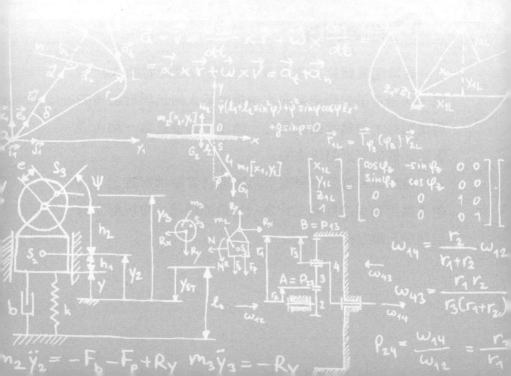

12 聰明的水果店老闆

爸爸要妮妮去買水果，妮妮約了小軍一起去，他們走進了家附近一間裝飾一新的水果店。

「哇！好豐盛的水果喲！」妮妮一進門就被滿櫃檯的水果驚住了，以前這家水果店可不是這樣。

小軍左顧右盼，終於看出門道。他對妮妮說：

「這裡的水果沒有那麼多！它有的只是你看到的1/4。」

「什麼？1/4？」

「你仔細看看，水果後面是什麼？」

「咳，我這麼粗心，竟沒看出是鏡子。」

「你看，北牆上有面大鏡子，西牆上也有一面，天花板上也有一面，這3面鏡子互相垂直連在一起。每面鏡子裡都『多』了1份水果，3面鏡子『多』了3份，所以我說真正的水果只是看到的1/4。」

「這麼說，1個蘋果在3面鏡子裡就變成3個了？」

「那是！一面鏡子呈1個像嘛！」

妮妮說：「可是3面鏡子都是垂直的，從這面鏡子能看到那面鏡子啊！」

「有道理！是我粗心了。說1/4不對，1個蘋果不止呈3個像。」

「孩子們，1個蘋果在3面鏡子裡的像，確實不止3個。」售貨員聽見他倆的議論，也過來插話。

「幾個呢？」

「你們自己看看，自己畫畫圖就知道了。」

他倆一時也沒查清有幾個，因為這裡堆的蘋果太多了。他們買好了水果，決定回家再去討論這個問題。他倆找了3面平面鏡，互相垂直擺著，然後放上1個蘋果，看來看去終於找到了答案。其實，在互相垂直的3面鏡子裡，1個蘋果共有7個像，所以看起來共有8個蘋果。

知識點睛

如果入射角γ′的正弦和折射角r的正弦之比對給定的兩種介質來說是一個常數，那麼用公式就可以表示如下：

$$\sin\gamma' / \sin\gamma = n$$

 眼界大開

如果$\sin\gamma'/\sin\gamma>1$，產生近法線折射，即折射角＜入射角；如果$\sin\gamma'/\sin\gamma<1$，產生遠法線折射，即折射角＞入射角。

兩種介質比較，折射率大的介質叫做光密介質，光在光密介質中傳播的速度較小；折射率小的介質叫做光疏介質，光在光疏介質中傳播的速度較大。

光由光疏介質進入光密介質時，產生近法線折射；光由光密介質進入光疏介質時，產生遠法線折射，並有可能產生全反射。

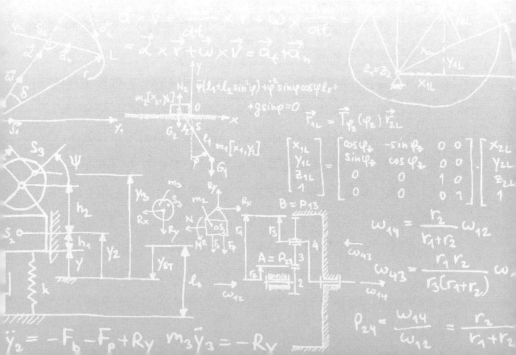

13 冰點生火

一個探險隊步行在雪山中，冰天雪地，雖然有陽光的照射，四周一片光亮，非常刺眼，其中一個探險隊員拿出溫度計一測，氣溫在零下48℃。

到了中午時分，探險隊找了個平地準備做午飯。「不好了，打火機丟了！」正要生火做飯的羅斯特驚叫起來。這是探險隊僅剩的一件生火用具。

「要是有個放大鏡就好了，用陽光取火一定能成功。」希魯克林說。

「讓我好好想想，一定會有辦法解決的。」教授說。

「能有什麼辦法？四周都是冰，用它們滅火倒是好材料。我們還是生吃鹿肉吧。」希魯克林餓得等不及了。

「對了，曾記得有本小說這樣寫道，主人公取下兩個手錶的玻璃表蓋，中間盛上水，周圍用膠布粘好，不讓它漏水，就製成了一個凸透鏡。在陽光下聚焦，能把火絨點燃。我們是否試試呢？」羅斯特說。

教授說：「其實這個辦法不可取，因為水能擋住太

陽光的大部分熱量，在聚焦點上是很難點燃的，不過，我們不妨用冰來點火試試。」

「什麼？不是我聽錯了吧？不是有人說，冰和火不能在同一個爐子裡嗎？」希魯克林說。

「這次，就讓它來個冰炭同爐！」教授蠻有把握地說。

教授讓希魯克林去鑿一塊淡水結成的冰塊，越透明的越好。希魯克林不一會兒就搬來一塊長寬各有20公分的冰塊。教授仔細地用小刀把它刮成凸透鏡的樣子，又用皮手套的面摩擦凸面，給它拋光。

教授將冰透鏡對著太陽，在那樣冷的環境，不必擔心冰透鏡會熔化。陽光經過透鏡的折射，在下面不遠處聚成一個很亮的耀眼光點，這裡溫度極高。在光點上放了紙片，不到半分鐘，紙片就燃燒起來。他們又有火做飯了。不一會兒，他們就吃上了熱騰騰的熟肉。

知識點睛

早在1763年英國就有人做成一個大冰透鏡，在陽光下把木柴都引燃了。而中國西漢時期，有一本方技著作《淮南萬畢術》中記載了一種技巧：削冰令圓，舉以向日，下承以艾，可以取火。

這是一個以冰加工成的球形透鏡，在太陽下以日光

聚焦取火的技術，說明中國古代的術士，在當時已經對透鏡有了一定的認識。

 **眼界大開**

世界上最早的冰透鏡，出現在中國。

西漢時期《淮南萬畢術》中明確記載：「削冰令圓，舉以向日，以艾承其影，則火生。」就是說，用冰削製成圓球狀，舉起來對著太陽，將艾草編成的草繩放在鏡下的陽光聚焦點（就是文中所說的「影」）上，艾草就被點燃了。

這說明，最晚在西漢時中國就出現了冰透鏡，至今約兩千年了。另據考證，很可能在更早的先秦時期就有了冰透鏡。

14 杯中的幻影

在宋代，有個徐州的官員陳皋，他經常去鄉下微服私訪，巡查民情。一天，他走在鄉間的田野上，見到幾個農夫在一起挖掘，走過去一瞧，他們在開荒種田時，挖出了一座無名的墳墓。農夫們把一些陪葬品亂扔，陳皋看了看，只有幾只破碗和一個像酒杯一樣的東西，於是，陳皋把那個「酒杯」撿了起來帶回家，刷洗乾淨放在書桌上。

第二天，他就拿著這個「酒杯」去池邊盛水，寫公文時，突然間發現「酒杯」水中好像有條一寸長的小鯽魚游來遊去，十分可愛。他想：八成是剛才到池邊取水時魚兒自己游進來的，便不再想。等寫完公文，他又看到那條小魚，「何不放到小缸裡養起來呢？」他順手拿來一個白色的缸，將魚倒進去。奇怪，缸裡沒倒進魚去，再看那瑪瑙盂空空的也沒有魚了。是我看花了眼了嗎？帶著疑惑他又去取水，結果，那條活潑可愛的小鯽魚又出現在盂中。他用手去捉，什麼也沒摸到。他心想：真

是件寶物！從此他愛不釋手，盛水、倒水、盛水、倒水，一天能看上十幾次。有一次，有個管水利的官員來看望陳皋時，他們一同觀賞，共同讚揚製作瑪瑙盃的工匠鬼斧神工，但誰也不明白其中的奧妙。

無獨有偶，中國傳統戲劇中有一齣《蝴蝶杯》，說有一件明代的祖傳寶物，杯中盛滿酒時，就有一隻蝴蝶在杯中撲動翅膀，翩翩起舞，喝乾了酒，蝴蝶就消失得無影無蹤。這與瑪瑙盃異曲同工。20世紀80年代初，中國已將蝴蝶杯研製成功。

為什麼會出現這種情況？一位專家給出了解釋：以蝴蝶杯為例。杯子的下方藏了一隻製作精巧的蝴蝶，用細細的彈簧將它掛起，輕微的振動就能使它晃動，如飛舞之狀。在它的上面嵌了一個小放大鏡，而蝴蝶的位置是在它的焦點以外。這時人看杯底，由於小放大鏡的作用很難發現那只蝴蝶，這是因為按凸透鏡成像規律，蝴蝶的像是在凸透鏡的另側，也就是人眼這邊，是放大的實像，空杯中光線很弱，且不容易碰到實像的位置。

在杯中放上透明的白酒以後，這酒在杯中恰似一個凹透鏡，它又緊靠著那個凸透鏡。這樣，當平行光線通過凹透鏡時，光線要分散，分散的光線再通過凸透鏡時，聚焦點必然變遠。就是說，加了凹透鏡的凸透鏡，焦點變遠。儘管蝴蝶位置不變，但它處於焦點以內了。這就

成為放大鏡看東西的情況。這時蝴蝶的像就變成了放大
的正立的虛像，而且是在同側。其實瑪瑙盂的構造可能
也像蝴蝶杯一樣，只要把「蝴蝶」換成「小魚」就行。

 **知識點睛**

凸透鏡是中央部分較厚的透鏡。凸透鏡分為雙凸、
平凸和凹凸（或正彎月形）等形式，薄凸透鏡有會聚作
用，故又稱聚光透鏡，較厚的凸透鏡則有望遠、發散或
會聚等作用，這與透鏡的厚度有關

 **眼界大開**

當物體為實物時，成正立、縮小的虛像，像和物在
透鏡的同側；當物體為虛物，凹透鏡到虛物的距離為一
倍焦距（指絕對值）以內時，成正立、放大的實像，像
與物在透鏡的同側；當物體為虛物，凹透鏡到虛物的距
離為一倍焦距（指絕對值）時，成像於無窮遠；當物體
為虛物，凹透鏡到虛物的距離為一倍焦距以外兩倍焦距
以內（均指絕對值）時，成倒立、放大的虛像，像與物
在透鏡的異側；當物體為虛物，凹透鏡到虛物的距離為
兩倍焦距（指絕對值）時，成與物體同樣大小的虛像，
像與物在透鏡的異側。

15 超過光速

陽陽、靜靜是好朋友，她們經常在一起討論科學問題。

「宇宙中最低的溫度是多少？」陽陽問。

「是273.15℃。」靜靜回答道。

「宇宙中最快的速度是多少？」

「是光在真空中的傳播速度，30萬公里／秒。」

「對了，你真聰明，書中說這是宇宙的兩個極限，人類可以無限地接近極限，但永遠也不能超越和達到。」

「不是有人在探索超光速嗎？超光速真的太吸引人了。你想，如果我們能坐上超光速飛船，那就可以親眼看到歷史上發生的事了。」

「這麼說，只要繼續向前，還能看到清朝的情景，看到唐朝，看到春秋戰國，看到北京猿人呢！」陽陽非常開心。可是轉念一想，「光越往前傳播越弱，恐怕看不到呢！」

「是越傳越弱，但這只是個技術問題，只要弱光逐

級放大就行了。所以，不管技術上暫時能不能做到，從原理上講，是應該看到的。」

「這倒是。」

「不過，愛因斯坦說，在真空中的光速是速度的極限，不可能有超過光速的速度。超過水中的光速是可能的，但超過真空中的光速則不可能。」

「太鬱悶了，不，我有辦法：在20萬公里／秒的高速飛船上，順著運動方向再向前發射速度是30萬公里／秒的光，你說這光的速度是多少？」

「不知道。這倒像順水行舟的情況。」

「我就是這麼想的。如果船在靜水中的速度是5公尺／秒，水流速度是2公尺／秒，那麼船順水運動的速度是多少？」

「當然是（5+2）公尺／秒啦！」

「依此類推，那飛船上發出的光，應該有（23+30）萬公里／秒的速度，這不就超過光速了嗎？」

「好像有些道理。可為什麼科學家都說不行呢？」

「當然是我們錯了，可不知道錯在哪裡。」

他們去找趙老師。

趙老師說：「你們將平時我們周圍低速運動的規律推廣到高速世界中了，其實高速運動世界並不遵守這些規律。這裡說的低速，是相對於光速來說的。發射人造

衛星時，最高速度也不過8公里／秒；發射人造行星時，最高速度也不過12公里／秒，比起光速來，都只能算低速度。在低速世界裡，一個物體同時參與兩個運動時，兩個運動速度可以相加。如順水行舟的計算公式那樣。但對如光速的高速運動來說，就不能用這種簡單的加法，它有另外的規律，另外的計算公式。按照它的公式計算，最高速度仍是真空中的光速。換句話說，不管在哪裡觀測，不管誰去觀測，光在真空中的速度是不變的，都是30萬公里／秒。任何客觀的規律，都有它的適用範圍，不能不顧適用條件隨意搬用。對於『超光速是不可能的』這一結論，也應這樣去對待。所以科學界一直沒有放棄對超光速的探索。」

知識點睛

自19世紀進入通信時代以來，人們就一直夢想著一種比光速更快的暫態通信方式。這種方式使得資訊的傳遞不再透過資訊載體（如電磁波）的直接傳輸來完成，而是經由一種類似於心靈感應的神祕機制，進而使通信不再受空間距離的限制。

今日，科學的發展已經為我們提供了這種神祕的機制，這就是量子非定域影響或量子超光速影響，而依此實現的通信方式被稱為量子超光速通信。

眼界大開

　　根據愛因斯坦的相對論，假如超過了光速，那麼時間和空間將會發生改變。反過來說，假如時間與空間都改變了，是不是就意味著有超光速呢？的確，在世界各地，都曾有過超越時空的發現，但是這個問題還一直在研究中。

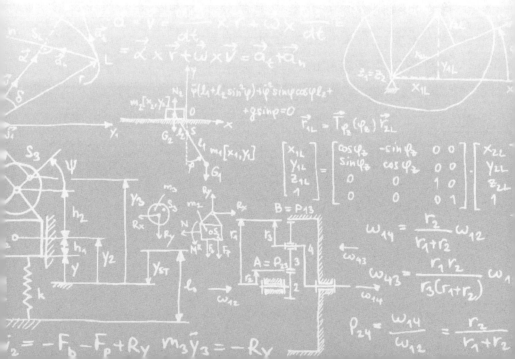

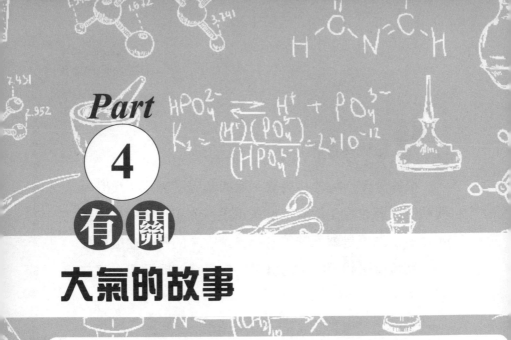

Part 4

有關

大氣的故事

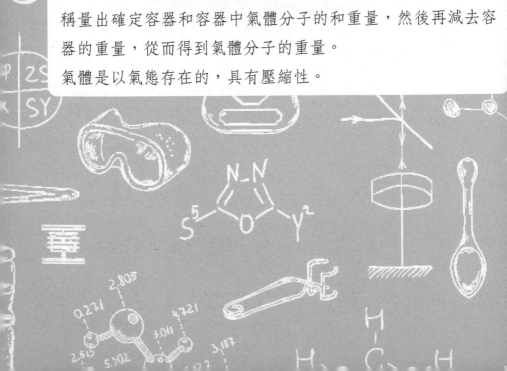

氣體和固體都存在品質，並且都會被萬有引力所吸引，從而被認為在引力場中可以表現為重量。

對於氣體，常規的稱量方法則是採用普通稱量固體的方法先稱量出確定容器和容器中氣體分子的和重量，然後再減去容器的重量，從而得到氣體分子的重量。

氣體是以氣態存在的，具有壓縮性。

01 強大的氣壓

在17世紀的時候，有人決定在德國馬德堡廣場做一個實驗，人們都聞訊趕來觀看這一項有趣的實驗。

實驗者準備了兩個空心的銅半球，將兩個銅半球合在一起，抽去裡面的空氣。然後兩邊都套上四匹馬，讓八匹馬同時向兩邊用力地拉。人們看到實驗者竟然用八匹馬去拉兩個銅半球，都覺得十分可笑。

但是，就在這時奇蹟出現了。不管八匹馬怎麼用力拉，兩個銅半球都緊緊地貼在一起。於是實驗者隨著實驗的進行，使兩邊的馬匹逐漸增多。最後，人們用了十六匹強壯的馬向兩邊使勁地拉，才將兩個半球拉開了。

人們十分不解，都紛紛問實驗者原因。實驗者這樣說：「在地球的周圍有著厚厚的大氣層，大氣層有大得驚人的氣壓。我們平時沒有感覺到大氣壓的存在，是因為人的體內也有壓力，正好和大氣壓抵消了。但是，銅半球裡的空氣被抽空以後，要拉開兩個半球，就等於是

和大氣壓拔河了。朋友們，你們想一想，用十六匹馬才能拔得過大氣壓，大氣壓是多麼強大啊！」

聽完之後，人們都不得不點頭稱讚。

 知識點睛

我們用壁鉤的時候，要將鉤內的空氣擠走，讓鉤緊緊貼在牆壁上，這就是因為大氣的壓力所致。

 眼界大開

科學家將大氣層分為5層：對流層，平流層，中間層，熱層，逃逸層。我們通常所說的氣壓，就是指的對流層中的氣壓。

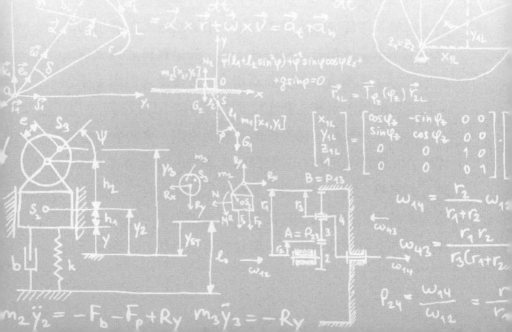

02 隧道裡的宴會

1842年，世界上第一條過江隧道誕生了，這條過江隧道長達459公尺，從英國泰晤士河的河底穿過，對於兩岸交通的溝通起到了很大的作用。

隧道通車的時候，在隧道裡舉行了小型的宴會。建築者們用香檳酒互相慶賀這一隧道的通車。但當人們打開酒瓶蓋的時候，酒瓶裡冒出的泡沫不像往常一樣往上噴，酒喝在嘴裡也不夠味。

宴會結束時，喝了大量香檳酒的客人從隧道裡走向地面的時候，突然感到肚子不舒服，喝進去的酒在肚子裡像翻江倒海一樣，外衣馬上被肚子撐圓了，肚子裡的氣好像要從耳朵眼裡鑽出來。當時一些聰明的人馬上意識到肚子裡的香檳酒發作了，趕快跑回隧道深處讓肚子裡的氣體爆炸平息下來。

這是為什麼呢？建築者們都非常疑惑，有一次碰到一個物理學家，他們聊到那次危險情景時，這位物理學家說：「香檳酒和汽水等清涼飲料中都溶解有大量的二

氧化碳氣體，二氧化碳在常溫常壓下是一種無色無味的氣體。喝到肚子裡，腸胃並不能吸收，所以又很快地從口腔裡跑出來。」

他又分析：「二氧化碳氣體這一進一出在腸胃裡兜了一個圈子，卻帶走了人體內部大量的熱量，這就是喝汽水或香檳使人感到格外涼爽的原因。二氧化碳氣體並不是很情願地待在水裡，在製造汽水或香檳酒的時候，人們必須對二氧化碳加上很大的壓力，因為壓力越大，溶在水裡的二氧化碳氣體就越多，然後蓋緊汽水的瓶蓋，二氧化碳氣體就被牢牢地關在裡面了。打開瓶蓋，壓力驟然減小，二氧化碳氣體會爭先恐後地衝出來，夾帶著汽水或酒形成了泡沫。在地面上打開瓶塞和在地下隧道中打開瓶塞的情況不同。因為地底下的大氣壓要比地面上的高一些，由於壓力大，從香檳酒裡跑出來的二氧化碳氣體就要少一些，留在酒裡的就會多一些。」

「在地下隧道裡，你們喝了香檳的肚子裡的酒中含有比正常時多的二氧化碳氣體。待你們走到地面上的時候，由於氣壓減少，二氧化碳氣體會從肚裡的酒中爭著往外跑，一時排不出去，自然把肚子撐得滾圓，脹肚使人非常難受。當你們立即返回到地底下，氣壓重新增大，二氧化碳氣體就不再繼續往外跑，人就又能夠忍受了。但是人也不能總待在地底下啊！最好的方法是極緩慢地

從地底下走上來，好讓二氧化碳氣體逐漸排出去。」物理學家說。

知識點睛

潛水夫從深水升起的過程，應該十分緩慢，讓血液裡多溶進去的氣體一點一點地從肺部排出去以後，再升出水面，這樣就不會引起疾病。

眼界大開

1971年蘇聯太空船「聯盟11號」在返回地球的時候，歡迎的人群紛紛擁向降落的飛船，但是三名太空人無動於衷，端坐在駕駛台旁一動也不動，他們已經永遠離開了人世。

原來，當飛船要進入地球大氣層的時候，由於控制不當，飛船高速旋轉，致使一個閥門的螺絲鬆了。艙內的空氣不到兩分鐘就漏光了，沒有穿太空衣的三位太空人還沒有搞清發生了什麼事情，也來不及採取任何保護措施，就因為缺氧而失去了知覺。

最後，由於身體內的血液和其他體液內的氣體在迅速跑出時形成的氣泡阻塞了循環，同時各種內臟中的氣體迅速膨脹，也使人陷入極度的痛苦而失去生命。

03 水面「行走」

1922年6月29日，美國的撒母耳森穿著自製的滑水板輕快地掠過湖面，實現了人類在水面「行走」的夢想。經過40年後，滑水運動在世界上流行起來。

撒母耳森是在滑雪運動中產生滑水的幻想。他試用過各種型號的滑雪板在水面上滑行，都失敗了。最後他發現，滑水板應該比滑雪板做得更寬一些，他用松木板製成了一個8英尺長9英寸寬（約2.44公尺長，0.23公尺寬）的滑水板，這次他終於成功了。

後來，他又萌生了一個念頭，讓自己在一架時速為80英里的飛機拖動下滑水，然而，這次他失敗了，並在這次表演中喪生。

為了紀念這位勇敢者，佩平湖畔豎立著他的一座紀念碑，後來的人們每每經過這裡時都會發出一聲歎息。有一次，一個名叫詹姆斯的小孩與他的父親經過此地時，詹姆斯問道：「爸爸，為什麼撒母耳森能在水上滑行？」

爸爸回答道：「當遊艇拖曳著滑水運動員時，運動

員的身體向後傾斜，利用腳下的滑水板向前沿斜下方向前蹬水，使他得到一個斜向上的反作用，它一方面使運動員不下沉，一方面又阻礙運動員前進，在遊艇的拖曳下，拖曳力克服了阻力，使得滑水運動員能站在水面不僅不下沉，還能高速前進了。後來，撒母耳森有一次滑水不慎脫落了一隻滑水板，但是他發現一隻腳也照樣能滑。」

現在滑水運動已經很普及，滑水花樣翻新，甚至四五歲的小孩也去滑水。現在，衝浪是一種看起來更有趣的滑水運動。令人奇怪的是，衝浪運動員沒有汽艇的拖拽，為什麼也不會下沉呢？衝浪運動員的速度來源於海浪。衝浪運動員像坐滑梯一樣從一個浪尖上滑下來，再衝到另一個浪尖。衝浪運動必須在海浪較大的地區開展，運動員必須不斷地追逐著海浪前進才行。

知識點睛

第二次世界大戰時，一個英國工程師曾經用打水漂的原理去轟炸德國法西斯海岸的軍事設施。當時，因為有高射炮的保護，英國的轟炸機不能接近德國海岸。這位工程師設計了一種圓柱形的炸彈，炸彈投下的時候是繞著豎直軸高速旋轉的，就像我們打水漂的時候拋出的旋轉石片那樣。這種炸彈在水面上一蹦一蹦地向堤壩跑

去，遇到岸邊的堤壩就沉到水裡，完成了對海岸軍事設施的轟炸任務。

眼界大開

衝浪運動起始於澳大利亞，由於澳洲四面環海，氣候溫暖，多日照而少陰雨，有利於水上運動的發展，故而澳大利亞人特別喜愛衝浪運動。早在歐洲人遷來之前，這裡的土著人，乘獨木舟浮海時，就憑一葉扁舟忽而衝上浪峰，忽而滑向浪谷，這就是衝浪運動的前身。

04 涼不掉的過橋米線

小晶和小杉剛結婚，他們決定出去旅遊度蜜月，他們選擇去雲南昆明、麗江、香格里拉，要去感受春城和高原的溫馨、美麗。

當他們從昆明下飛機後，就聽說雲南的「過橋米線」非常聞名，攔了計程車直奔一家「過橋米線」的老店。吃的時候，服務員先端上一碗湯，上面漂著厚厚一層油，隨後又送上一盤切得很薄的生肉片。

湯看上去似乎並不太熱，但是服務員對他們說：「你們絕對不能端起來就喝。因為生肉片放進去，能在湯裡涮熟。吃過涮肉片以後，主食是放在盤子裡的熟米線。把米線放在湯裡一燙，吃起來也是熱乎乎的。」

關於「過橋米線」的傳說有許多，小晶和小杉邊吃邊討論這「過橋米線」的魅力，為什麼湯涼得這麼慢。

恰巧，他們的討論被旁邊的一位老者聽見，這位老者非常熱情地為他們解釋：「你們也許會認為碗的保溫性能好，碗是敞開的，並無保溫性能。祕密是湯表面漂

著的那厚厚一層油。湯上的一層油的保溫作用甚至比加一個密封的碗蓋作用還強。你們的父母都會有這樣的經驗，在燉肉的時候，表面厚厚的油層會使肉更容易燉爛。從對流的角度分析，一碗湯變涼，主要是由於表面成分的蒸發，蒸發能帶走大量的熱，上面一層湯涼了沉下去，下面熱的再浮上來，這種對流加速了散熱過程。

如果是一碗油湯，情況就不一樣了，油很輕，總是漂在水面上，即使涼了也仍然漂在上面，所以可以阻礙對流現象，碗底下的熱湯總沒有機會浮到表面把熱散掉，這就是油湯比普通的湯涼得慢的原因。」

知識點睛

太陽每天為地球帶來大量的光和熱，如果把其中的萬分之一利用起來，全世界現有的發電站就不需要工作了。

可是目前的太陽能除了被植物吸收利用了千分之一以外，幾乎全部散失掉了。怎樣才能把太陽的熱量利用起來呢？辦法是想了不少，只是建造設備花錢太多，因此沒能廣泛應用。

 眼界大開

最近，科學家發明了一種價格比較便宜的太陽池發電方法。什麼是太陽池發電呢？

水可以吸收太陽光的熱量，但是對流又不斷地把熱散失在空中。計算表明，如果設法讓太陽熱能只進不出，池水的溫度可以達到攝氏100度。

但是怎樣才能保溫呢？工程師想到了鹽，淡水能浮在鹽水的上面，根據這個道理設計的水池叫太陽池。

池的下面盛上濃鹽水，上層是淡水。陽光透過淡水把下面的鹽水曬熱，由於鹽水濃稠，比淡水重，即使受熱膨脹稍稍變輕，也不會浮到淡水的上面把熱散失掉。所以下層鹽水中所吸收的太陽的熱量可以越積越多，而且池子愈深積熱的效果越好。

在池底安裝上循環管道，就可以把底下的熱引上來向屋子裡供暖。把一個密封的鍋沉到池底，不一會兒就可以把米飯燜熟。

05 沙海「蜃樓」

2 0世紀的90年代，那天是8月18日，一輛汽車在茫
茫的大西北沙漠中奔馳，一望無際的沙丘和單調
的景物使人昏昏欲睡。突然，一個乘客對著窗大喊：「快
看，前面有一片水澤！」

這是上午9時55分的事，人們立刻把頭轉向視窗。在
遠方確實有一片藍色的水澤，隨著汽車的速度不斷地變
換著位置，好像帶來了一絲涼意。

10時14分，淡藍色的水澤從西北方向移向正西，並
奇蹟般的從水澤裡疊化出一座座白色樓宇的倒影，好像
是迎接遠方的貴客來臨。

但是當驅車接近這個水域的時候，這片誘人的水澤
就消失了。這時，車上的人們議論紛紛，恰巧，在同行
的車上有位教授，他給人們解釋了這種奇怪的自然景象。

他說：「過去，人們說這是沙漠上的魔鬼在戲弄疲
勞的旅客。但是現在，在沙漠裡發生的這種現象卻稱為
『沙海蜃樓』。

　　其實海面上也會出現這種現象，人們稱之為『海市蜃樓』。在1991年8月3日下午，安徽巢湖市突然看到了巢湖上的寶島——佬山。平時佬山在巢湖市是看不見的。那天奇蹟般地出現在市民的眼前，使人驚奇不已。

　　海市蜃樓是一種罕見的光學現象，一般人是很少有這種眼福的，甚至一輩子也難見一次。其實，你們有看到蜃樓現象的機會，只是沒有前面說的那麼好看。6～7月份正是看蜃樓的好時機。蜃樓在哪裡？就在曬熱的柏油馬路上。

　　在炎熱的日子裡，當你們頂著烈日沿著馬路向前走的時候，你會發現在馬路的盡頭水江江的，好像灑水車剛剛灑過水一樣，頓使你感到一絲涼意掠過。水面上還映出了汽車的倒影和過路的行人。但是當你快步走向前時，那片水塘便消失了，或移到更遠的地方。這就是你看到的『馬路蜃樓』。

　　它的原理和沙海蜃樓一樣。蜃景是熱空氣耍的把戲。黑色的柏油路面，在炎熱的太陽照射下，大量吸收熱，然後又向四周輻射出去。因此在地面的周圍就形成了一個熱空氣層，熱空氣層上面的空氣則還是比較冷的。當光線射到冷熱空氣的分介面上時，會發生折射，這樣地面上的熱空氣層就像一面鏡子一樣把射來的光線反射回去。

　　其實，簡而言之，當地面上覆蓋了一層熱空氣時，

就像在地面上鋪了一個大鏡子，不過這不是真正的鏡子，路面上的熱空氣飄浮不定，所以從上面反射的影像給人以水塘的感覺。沙漠上的蜃景也是這樣形成的。沙粒上方的熱空氣也像一面鏡子一樣把遠方的景物反射出來，形成水澤的幻覺。」教授解釋道。

聽完教授解釋之後，人們都紛紛鼓掌，稱讚教授的知識淵博。

自古以來，中國的山東蓬萊就是看海市蜃樓的好地方，島嶼山巒和城市出現在空中，街道上的行人依稀可見，宛如仙境。親愛的讀者，走在火辣辣的陽光下是有些惱人，但這也正是觀察「馬路蜃樓」的好機會，你可不要放過嘍！

蜃景不僅在海上、沙漠中產生，柏油馬路上偶爾也會看到。蜃景的種類很多，根據它出現的位置相對於原物的方位，可以分為上蜃、下蜃和側蜃；根據它與原物的對稱關係，可以分為正蜃、側蜃、順蜃和反蜃；根據顏色可以分為彩色蜃景和非彩色蜃景，等等。

06 啤酒泡帶來諾貝爾獎

格拉澤是美國密歇根大學的物理教授，主要從事原子物理研究的，他對於威爾遜雲霧室十分不滿意，常常思考著改進的辦法。

一天，他心事重重地來到一家咖啡館。

咖啡館裡的侍者走來問：「教授，我能為您服務嗎？請問您需要點什麼？」

格拉澤心不在焉地說：「來一杯啤酒吧。」

啤酒上來了，格拉澤一動也不動，對著那杯泛著泡沫的啤酒發呆。午後的陽光從窗子鑽進來照在啤酒上，酒杯裡的氣泡一個接著一個往上冒，他順手就把湯匙放在酒杯裡拌動了一下，湯匙上也佈滿了氣泡。

格拉澤突然站了起來，大步流星地向外面走去。

「教授！教授！」

這時，格拉澤才想起來還沒有付錢。他丟下一個美元就朝實驗室走去。

或許是氣泡給了格拉澤啟發，讓他有了一個新的思

想在腦海中出現，他突然意識到，是否能用氣泡來顯示粒子的蹤跡呢？

威爾遜雲霧室使用的是把氣體變成液體的過程，而液體裡產生氣泡則是一個相反的過程，當一壺水要沸騰的時候，裡面就會產生氣泡。

格拉澤知道，這個過程和氣體變成液體的過程類似，需要一個汽化核心。如果沒有微小的粒子充當汽化核，也不會變成氣體，形成過熱液體。核反應中的帶電粒子也可以在這種過程中起到一個汽化核心的作用，產生氣泡留下痕跡。

格拉澤開始選了一種很容易汽化的物質——乙醚做一個直徑只有幾英寸的「氣泡室」，和威爾遜雲霧室類似，裡面裝有保持在沸點的液體，用微小的膨脹減小液體上方的壓力，果然觀察到粒子的蹤跡，「氣泡室」中顯現出粒子精細的軌跡。

在1952年，世界上的第一個「氣泡室」研製成功了。這是一個耐高壓的容器，其中裝著透明度很高的液態氫。氣泡室所能收集到的粒子蹤跡的資訊要比雲霧室高1000倍。1960年，格拉澤獲得了諾貝爾物理學獎。

知識點睛

喝啤酒的時候，在啤酒中可以看到很多懸浮的氣泡串。那是因為啤酒裡面有二氧化碳，沒開蓋的時候壓力大，二氧化碳出不來，開了蓋後瓶內氣壓減小，二氧化碳溢出，形成氣泡。

眼界大開

格拉塞（Donald Arthur Glaser）1926年9月21日出生於美國俄亥俄州的克利夫蘭，父親是一位商人，俄國移民。

格拉塞小時在克利夫蘭高地上學，1946年在凱斯技術學院獲數理學士學位。他的畢業論文課題是：用電子衍射研究在晶體金屬基片上蒸塗的金屬膜，這就是他早期進行的研究。

格拉塞1946年春季在凱斯工業學院從事了一段數學教學以後，1946年秋季來到加州理工學院當研究生，1949年秋完成博士論文，1950年正式獲得物理數學博士學位。他的博士論文研究的是用實驗研究高能宇宙射線和海平面的介子的角動量增。

從1949年秋季起，他就在密歇根大學物理系任教。

這段時間他的主要研究興趣是基本粒子，特別是奇異粒子。他廣泛比較了當時用於這個領域的實驗技術，製作了各種擴散雲室和平行板火花計數器，最後終於在1952年發明氣泡室。

從此他就致力於發展各種不同類型的氣泡室，以用於高能核子物理實驗，特別是用於紐約的布魯克海文國家實驗室的宇宙線級加速器（Cosmotron）和伯克利加州大學勞倫斯輻射實驗室的十億級加速器（Bevatron）上。

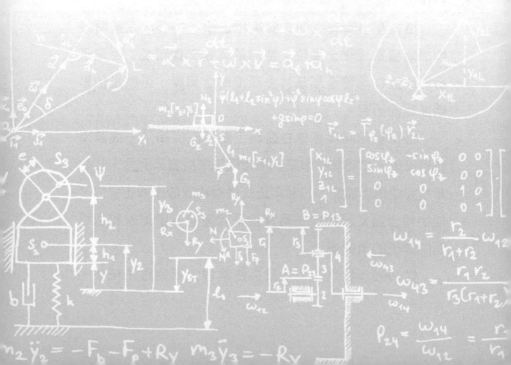

07 煮不死的神魚

「阿凡提，最近聽說你買了幾條漂亮的魚，想必一定很好吃吧。」貪婪的財主問道。

「不，老爺，金魚好看不好吃。」阿凡提不卑不亢。

「哼哼，我不信！」財主霸道慣了，「明天拿你的金魚來，我要親口品品鮮。」

財主不管阿凡提如何解釋，他都不聽，一定要把金魚煮著吃。阿凡提在回家的路上邊走邊想，突然有條妙計出現在腦海中。

第二天，阿凡提提著魚缸來了。裡面的金魚，閃光發亮，優哉遊哉。財主一看，饞涎欲滴，馬上令人煮魚。

「慢著，這可是神魚，你小心吃了冒犯神靈受懲罰。」阿凡提說。

「我偏要吃。」

「神魚是煮不死的，難道你要生吞活魚？」

「哪有煮不死的道理？拿鍋來，當面煮！」

「不必了，這裡有鍋。」阿凡提指指魚缸下面那盒

子樣的東西，拿開一看，原來是個鍋。阿凡提讓僕人倒進水去，又舀了幾條金魚放進去，便在下面生起火來。過了一會兒，鍋裡的水沸騰了，熱氣突突向外冒。阿凡提邊撤火邊舀出鍋裡的開水灑在地上，啪啪作響。他大聲說：

「水燒開了，親眼看到了吧？再看魚呢？」他將魚倒進魚缸，活蹦亂跳，根本不像在開水裡待過的。「這就是神魚！煮不死的神魚！」

財主愚昧無知，迷信神明，便信以為真了，只好讓阿凡提帶著他的金魚走了。

知識點睛

阿凡提想出來的辦法是這樣的：，他連夜打製了一個雙層的鍋，內鍋的下邊包上了隔熱的石棉。

在火燒外鍋時，外鍋的水燒開了；熱傳到內鍋時，只能傳給內鍋的上沿，只能燒開內鍋最上邊的水。由於水是熱的不良導體，熱水在最上邊，又不能造成對流，所以鍋下部的水仍是冷的。魚都躲在冷水裡，當然安然無恙。

當然，時間過久，下部的水也會因傳導而熱起來的，所以，阿凡提及時撤火拼把上部的開水舀出來倒掉。

 眼界大開

你們知道熱傳導有哪幾種方式嗎？

其實熱傳導是熱能從高溫向低溫部分轉移的過程，熱傳導有三種方式：

1. 直接傳導：各種材料的熱傳導性能不同，傳導性能好的，如金屬，可以做熱交換器材料；傳導性能不好的，如石棉，可以做熱絕緣材料。

2. 對流傳熱：是液體或氣體通過循環流動，使溫度趨於均勻的過程。對流傳導因為牽扯到動力過程比直接傳導迅速，熱交換器一般要同時利用對流和直接傳導原理。

3. 輻射傳導：是直接通過紅外線輻射向外發散熱量，傳導速度取決於熱源的絕對溫度，溫度越高，輻射越強。

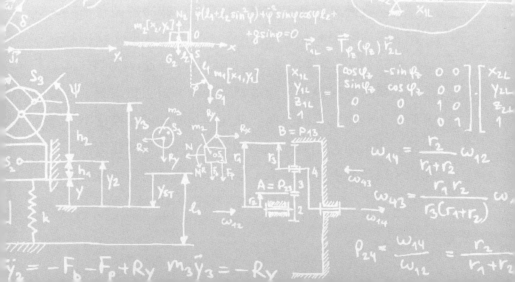

08 降落傘中心的孔

婷婷和小米聽說體育場有跳傘表演，他們非常高興，因為他們是跳傘運動的愛好者。

這一天，他們看得眼花繚亂，有半球狀的傘從天而降，飄飄欲仙；有高空踩傘，一個踩一個⋯⋯在藍天白雲的襯托下，這些色彩絢麗的傘面就像開放在天空中鮮艷的大花朵，個個都讓人賞心悅目。

回來的路上，婷婷忽然說：「我有個問題不明白，為什麼有的降落傘在傘面的正中央有個孔呢？」

「你看得真仔細，我還沒注意呢，我想這個孔是為了減少阻力的吧。」小米說。

「減小阻力幹嘛？降落傘不就是利用它的阻力嗎？」

「以前老師講過，降落傘下降時，對空氣來說，相當於傘不動而氣流向上衝，氣流碰到傘面就被擋住了，這時它對傘面有一個向上的推力，可以使傘減速下落，保證了跳傘員著陸的安全。既然降落傘是利用空氣的阻力，為什麼又開孔呢？」小米感到困惑了，婷婷反而笑了。

　　她說：「這正是我剛才問的問題呢！開了孔，阻力肯定減小，但絕對不是為這個目的而開孔的──你想，如要減小阻力，把傘做得小一些不更方便嗎？」

　　「那是為了什麼呢？」

　　「其實仔細想想，開孔對傘有什麼用處呢？開孔不會讓傘更結實，也不會讓跳傘員呼吸方便，難道傘在下落時還有什麼嗎？」

　　「還有氣流！」

　　「對，氣流向上時，正中間的部分被傘阻擋，周圍的部分沿著傘的圓周以外到傘上面去了。傘頂不是流線型的，這些氣流不能順暢地過去，必定在傘邊出現漩渦……」

　　「這就叫渦流。可是，出現渦流與傘頂開孔有什麼聯繫呢？」

　　他們帶著疑問，一起去向李老師請教。

　　李老師告訴婷婷和小米：「第一，你們在推想中，逐個考慮這一事物中的三個要素：傘、人、氣流，並在氣流這個要素上發現了疑點，這樣推想很有條理，能把握主攻方向。很好。第二，你們的推想，已經很接近正確答案了。開孔就是為了解決傘邊上方的渦流所造成的問題。傘的四周都會有渦流產生，但這些渦流絕不會一樣。這樣，產生較大渦流的一邊，使傘受的阻力增大，

結果就使傘發生搖擺，不利於跳傘員控制下落的路線。傘的正中開孔後，有一股氣流向上衝去，速度較大。這樣傘邊上方的氣流不容易產生渦流而都隨中央氣流一起上升，進而保證了傘在降落過程中的穩定。」

知識點睛

為什麼把2個乒乓球掛起來，向中間吹氣，兩個球會往中間靠？向中間吹氣時，中間空氣的流速加大，壓強減小，而外部大氣壓強不變，於是外界大氣壓將球向中間壓，就造成了球向中間靠的情況。

眼界大開

飛機在擾動層中飛行，由於繞過飛機的氣流速度場的不均勻性，即所謂「陣性」造成飛機水平速度的「脈動」，從而使飛機承受過負荷。這就是擾動氣流引起飛機顛簸的根本原因。

09 曲突徙薪

在古代，有一個農家小院裡，主人是一個非常勤勞、俐落的人，農具擺得整整齊齊，直直的煙囪立在屋邊，旁邊還堆著一人多高的木柴，近段時間，主人還蓋了三間北房。

上坏壘成的牆中，勻稱地排布著幾根頂梁木柱，新打製的木梁上還貼著求吉利的紅紙條，和著泥草屋頂，足有三寸厚，顯得家裡十分溫暖。

「方哥，你看誰來了？」鄰居天明領著鄰村的一位長者進了小院。

「大伯，裡面請。很久沒見了，今天怎麼有空來？」方哥迎上前去，甚是親熱。

「看看你們家的新房啊，真漂亮，給你道個喬遷之喜啊！」

大伯看著乾淨的小院、整齊的新屋，心裡高興，讚不絕口。走到爐灶旁，他忽然停下對主人說：「你這煙囪是直的，應該改成彎的；這堆木柴離爐灶太近，應該

挪遠些。以免發生火災！」

「大伯說得對，方哥，我幫你改煙囪、挪木柴，你說什麼時候動工？」天明是個熱心腸。

「等以後再說吧。天明，你先替我到集上打酒買肉，咱們一起歡聚。」主人吩咐道。至於改煙囪的事，他心裡想：哪會這麼巧，偏讓我的新房子失火？

沒過了幾天，他家真的失火了。村裡各家雖不吃一鍋飯，但勝似一家人，老老少少都來幫助救火。人多心齊，不一會兒，火滅了，房子總算是保存下來。

事後，主人為答謝鄉親，殺豬擺酒，款待一番，因救火而燒傷的被請到上座，其餘人按出力多少依次入席。

天明看了看大夥兒，對主人說：「方哥，如果你當時聽了鄰村大伯的話，也用不著今天大擺宴席了。火到底是燒起來了，救火的人你都請來了，可唯獨沒請鄰村大伯，你說該不該謝他呢？」

主人頓然覺悟，立即將鄰村大伯請來。

這便是「曲突徙薪」的故事。曲是彎曲，突指煙囪，徙是搬走，薪是木柴。這個成語是告誡我們，凡事要防患於未然，早除隱患才不致釀成大禍。

為什麼大伯的話這麼靈呢？因為爐子上安煙囪，是為了加強空氣的對流，以使爐火旺盛。因為燃燒後的熱氣能通過煙囪順利地上升排走，周圍的冷空氣（帶著氧

氣）就容易從爐灶下口進入補充，使木柴的燃燒快而充分。

但在農村，煙囪不會太高，它的上口離屋頂的茅草較近。火燒得很旺時（例如有風時，對流更加快，火就燒得很旺），常有火星甚至火苗竄出，很容易引起火災。改為彎曲的煙囪，一來可以控制對流速度，不易有火星竄出，也減少了熱量的消失，使更多的熱量能留在灶裡；二來可以控制煙囪出口的方向，使熱的煙氣遠離房頂的茅草。總之，「曲突」既可以讓火燒得旺，又減少了不安全因素。

 知識點睛

在空氣對流過程中，熱氣總是向上升的。根據這個道理，廚房裡的排風扇應安裝在窗子的上方，才能使熱氣和油煙儘快排出。

 眼界大開

電冰箱是靠蒸發製冷的，蒸發器安裝在冷凍室，冷藏室是靠空氣對流變冷的。

在空氣對流過程中，熱氣向上升，冷氣向下降；將冷凍室安裝在上部，才能使箱內的空氣上冷下熱，不斷對流，從而使冷藏室溫度也比較低，達到冷藏的目的。

153

10 熱水降溫

農忙季節，炎熱的太陽烤著大地，人們都為豐收而忙碌，偉偉的爸爸也是一樣。中午時分，爸爸大汗淋漓地回到家，偉偉和宇宇兄弟倆趕忙為爸爸準備淡鹽水，以補充由於出汗過多而損失的鹽分，以免中暑。

可惜沒有涼開水了，只有剛開的水。總不能讓爸爸喝滾燙的水啊，他一定口渴得厲害。他們想起冰箱裡還有一些小冰塊。小宇搶著把細鹽放在杯子裡，倒上開水，接著就拿了冰塊投了進去。

偉偉一看就急了，說：「爸爸等著喝水，你不該先放冰塊，先放冰塊水涼得慢！」

「無所謂，反正冷卻的時間都是一樣。」小宇不服氣。

「我說了你就是不相信，我就做個實驗給你看。」哥哥說著迅速地拿了一個相同的杯子，放上相同的鹽，倒上相同的開水，涼著；過了5分鐘，他拿了一塊相同的冰投了進去。

弟弟倒的水總共冷了7分鐘，爸爸剛好擦洗完換好衣服，他先端起一杯水來嘗，接著又端起另一杯。

「哪個涼？」兄弟倆異口同聲地問。

「你們自己嘗嘗！」爸爸說著給他們各倒了兩小杯。

兄弟倆發現，偉偉倒的水涼。這是為什麼呢？爸爸給他們做出了解釋：「偉偉倒的那杯涼得快，就是晚放冰的涼得快。高溫物體向外散熱時，它與周圍的環境溫度相差越多，散熱就越快。這是牛頓發現的關於冷卻的規律。所以高溫物體由於散熱而冷卻時，總是開始階段冷得快，越往後與周圍溫度的差越小，冷卻得越來越慢。弟弟先放上冰塊，冰塊立即從開水那裡吸收熱量而溶解，而升高溫度；同時，開水由於大量放熱給冰塊，溫度很快下降，它與周圍的溫差小了，再散熱就慢了。偉偉的那杯，開始是開水，與周圍溫差大，它散熱降溫也比較快，等它溫度迅速降低後再加冰塊，熱水由於大量散熱給冰塊，它的溫度又能迅速下降了，所以後放冰塊的開水涼得快些。當然啦，如果放的冰太多，或太少，這種差別就不容易觀察到。」

兄弟倆聽完後都點點頭，宇宇主動向哥哥承認了自己的錯誤，表示將來要改正倔強的小脾氣，兩人都開心的笑了。

知識點睛

　　在火上煮粥或稀飯時，用勺子攪動，可以加快粥內熱的對流，進而使粥熱得更快一些。

　　用勺子攪拌也可以讓碗裡的粥涼的更快一些，這是因為攪拌增加了粥與周圍的冷空氣的接觸面積，當沒有熱源的時候，粥就會成為熱源將熱量傳給周圍的空氣，不斷的攪拌，可以讓更過的粥在運動的過程中接觸空氣，因而冷得更快。

眼界大開

　　熱在空氣中傳遞主要是靠對流方式。暖氣片使附近的空氣受熱上升，周圍比較冷的空氣就會流過來佔據暖氣片附近的空間；流過來的空氣受熱後又會上升，比較冷的空氣又會流到暖氣片附近的空間來……就這樣，在冷熱空氣不斷地相對流動過程中，整個屋子的空氣就逐漸變暖了。

11 紙鍋燒不著

春天來了，萬物復甦了，兵兵、小果和小文約好去郊外春遊。一路上他們談笑風生，高高興興地向目的地走去。他們看到大地泛綠，樹翠欲滴，萬紫千紅的桃花掛在枝頭，小鳥在天上自由地飛來飛去，喜鵲在枝頭上喳喳直叫，河水淙淙地向遠方流去，大家都在迎接新一年的好生活！兵兵是班裡的小詩人，他觸景生情，隨口吟唱道：

　　殘葉溢綠綠欲滴，枯枝染紅紅欲飛。

　　黃鶯歡歌歌似水，寒冬叫春春已歸。

小果、小文聽罷拍手稱讚。

中午時分，他們選好一塊空地準備熱飯填肚子時，卻遇到了一個小麻煩。

「小果，說好讓你帶個小鍋，怎麼不帶？」

「沒有鍋怎麼熱飯呢？」

小果一聲不吭，慢慢地從書包裡拿出一張牛皮紙來，伸開攤平。小文想坐上去，小果急忙說：「不能坐，這

是我們的鍋！」

「鍋？別開玩笑啦！」

「沒錯，只需要你去找幾塊石頭來，擺個鍋台，取些水來，我就可以為你們熱飯啦。」

小勇邊說邊把這張長方紙三折兩折折成一個紙鍋。鍋底是正方形的，邊長正好是長方紙寬邊的一半。看起來還很結實呢！

三塊石頭一擺就算鍋台，紙鍋裡盛上從河裡舀來的水，放上每人拿來的熟雞蛋、袋裝奶，下面點燃起枯樹枝。過了一會兒，水真的燒開了，紙鍋安然無恙。在這涼風習習的春天，他們開開心心地吃上了熱雞蛋，喝上了熱牛奶。

等餘火全都滅了，他們又上路了。他們一路上展開了對紙鍋的討論。

「為什麼水都開了，紙鍋還燒不著呢？」

小果說：「紙達到一定的溫度才能燃燒，這個溫度叫燃點。一般的紙，燃點約在180℃。火焰溫度約600℃，用火直接點燃，紙很容易燒起來。在紙鍋裡放進水以後，火的熱量通過紙傳給水。平常，水的最高溫度就是100℃，遠低於紙的燃點，所以只要紙鍋裡的水沒燒乾，紙鍋就會仍然在100℃以下，當然燒不起來啦。」

知識點睛

在熱傳遞過程中，物質並未發生遷移，只是高溫物體放出熱量，溫度降低，內能減少（確切地說是物體裡的分子做無規則運動的平均動能減小），低溫物體吸收熱量，溫度升高，內能增加。因此，熱傳遞的實質就是內能從高溫物體向低溫物體轉移的過程，這是能量轉移的一種方式。

眼界大開

水的沸點並不一定停留在100攝氏度，這與它所處的地理位置有關，在西藏，水不到100攝氏度的時候就會沸騰，因為西藏屬於高原，氣壓低，水的沸點低，用一般的鍋無法煮熟飯，因此只能用壓力鍋。

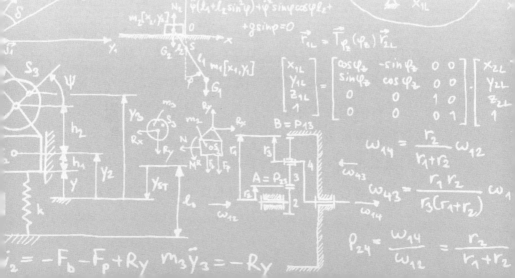

12 魔鬼的武器——空氣壓縮機

　　人們對於第二次世界大戰中的頭目人物不會陌生吧？希特勒是個兇殘而無恥的人，他的一個外甥女吉莉竟被他霸佔。後來吉莉終於逃走，住在維也納的一所公寓裡。不久，她在住所被煤氣毒死了，同時，她隔壁的一個男人也被煤氣毒死了。是因為煤氣洩漏中毒身亡嗎？希特勒很懷疑，於是，他派人去調查這個案件，調查的人回來說：

　　「當地警察局逮捕了一個嫌疑犯，他也住在那個公寓，曾向死去的那個男人借了大筆的錢，或許他是想賴帳而殺人的。至於吉莉，可能是碰巧倒楣。不過……」

　　「快說，不過什麼？」希特勒急切地問。

　　「有個疑點：嫌疑犯打算用煤氣殺人時，需要先將煤氣管道總開關關掉，使煤氣中斷，以便將那家正在使用的煤氣熄滅。然後他再打開開關，把煤氣放出，去毒死人。但奇怪的是，那幢房子的煤氣總開關是在地下室

裡，一直封閉著，那人不可能接近總開關。因為沒有確切的證據，警方又把嫌疑犯放了。」

「這個疑犯是幹什麼的，猶太人嗎？」希特勒問。他對猶太人恨之入骨，必欲置之死地而後快。

「是猶太人，一個汽車輪胎廠的技師。」

狡猾的希特勒立刻吼道：

「笨蛋！那人肯定是將工廠裡的空氣壓縮機帶回公寓的房間，看準時機作案的。」

「空氣壓縮機？」

「是空氣壓縮機，那人將空氣壓縮機開動，並將產生的高壓空氣打到煤氣管道中去。因為壓縮空氣的壓力遠遠大於管道煤氣的壓力，使煤氣無法從總管中送出，這種效果，與關閉煤氣總開關起的作用一樣。過一會兒，他關閉空氣壓縮機，煤氣就源源不斷地洩漏到被害人的房間，將人毒死。」希特勒敘述了他的猜測。

後來，警察局的調查證實了希特勒的說法。後來，希特勒咬牙切齒，用煤氣極其殘忍地毒死大批猶太人，而受到世人的譴責。

知識點睛

為什麼空氣會有這樣大的壓力呢？這是因為地球表面籠罩著一層厚厚的大氣。大氣層的厚度很難確定，氣象學往往以極光出現的最大高度1000～1200公里作為大氣的厚度。據計算，它的總品質大約有5250萬億噸！地面上每平方公尺大約要承受10噸的大氣壓力。

人體的總面積大約為2平方公尺，所以我們每個人時刻都要受到20噸的大氣壓力也就不足為奇了！

眼界大開

酒瓶中酒灌得滿滿的，軟木塞又塞得緊緊的，難道一個小小的軟木塞就這麼難拔嗎？其實用大氣壓力的知識來解釋，就是大氣壓力在阻擋瓶塞離開瓶口，軟木塞阻隔了瓶內和瓶外的空氣，外面的空氣壓力大於瓶內的空氣壓力，所以塞子就是拔不出來。

所以，在生活中碰到了這樣的問題，只要把留在瓶塞上的螺絲刀杆子繼續向裡刺，直到刺穿瓶塞，再轉幾下，把穿孔擴大，讓空氣進入，這樣就能比較順利地取出瓶塞。

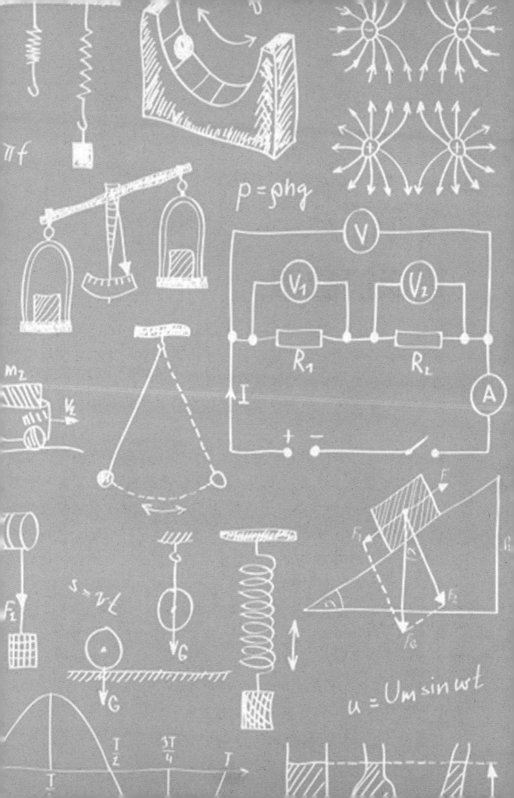

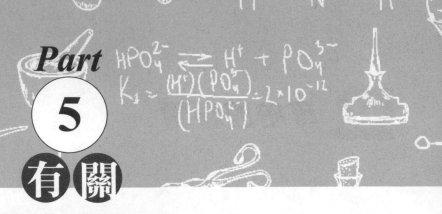

有關

電學的故事

電磁學是研究電、極和電磁的相互作用現象，及其規律和應用的物理學分支學科。根據近代物理學的觀點，磁的現象是由運動電荷所產生的，因而在電學的範圍內必然不同程度地包含磁學的內容。

電流的形成：電荷的定向移動形成電流（任何電荷的定向移動都會形成電流）。電流的方向：從電源正極流向負極。電壓（U）：電壓是使電路中形成電流的原因，電源是提供電壓的裝置。國際單位：伏特（V）；常用：千伏（KV），毫伏（mV）。1千伏=10^3伏=10^6毫伏。測量電壓的儀錶是：電壓表。使用規則：電壓表要並聯在電路中；電流要從「+」接線柱入，從「-」接線柱出；被測電壓不要超過電壓表的量程。電阻（R）：表示導體對電流的阻礙作用（導體如果對電流的阻礙作用越大，那麼電阻就越大，而通過導體的電流就越小）。國際單位：歐姆（Ω）；常用：兆歐（MΩ），千歐（KΩ）；1兆歐=10^3千歐；1千歐=10^3歐。決定電阻大小的因素：材料，長度，橫截面積和溫度（R與它的U和I無關）。

01 可怕的靜電

京生是一個大貨車司機。有一天，他接到一樁生意，需要他去新疆運木頭，他十分樂意地接了這筆生意，心想：跑完新疆一趟，他就帶兒子出去玩玩，好久沒有陪自己的孩子了。

在通往新疆的高速公路上，京生開著自己的貨車急駛，突然間一聲巨響，從後面的槽廂裡噴出一個火球，隨即點燃了油箱。京生剛剛跳出駕駛室的一瞬間，一聲巨響，貨車報廢了，京生也受了重傷。

家人聞訊趕來，都十分悲痛，貨車對於他們全家而言是維持生活的工具，再說京生也受了重傷。

員警趕來處理交通事故，京生的妻子十分不解地問交警：「我們家京生沒有超速，也沒有違規行駛，為什麼會出現這種情況？」

交警說：「造成這一不幸的事故原因，要從一塑膠桶汽油說起，因為爆炸是從那裡開始的。為了長途行車，司機用塑膠桶裝了一桶汽油放在車後面。行駛過程中，

桶裡的汽油在不斷地晃動中和塑膠桶壁摩擦、撞擊，由於汽油和塑膠桶都是電的不良導體，摩擦產生的電荷不斷地累積，而且越積越多。塑膠桶壁和汽油之間開始放電，產生火花，就像打了一個小的閃電。就是這個小小的火花，點燃了汽油桶上面的汽油蒸氣與空氣的混合氣體，引起了爆炸。」

妻子這時也只能黯然淚下，終於明白了靜電的威力。

知識點睛

靜電火花不僅會引起汽油的爆炸，砂糖、麵粉、茶葉末、奶粉、咖啡粉、煤粉、鋁粉、木粉等，如果在空氣中懸浮的數量達到一定的程度，也都會因為靜電火花或其他火花而產生爆炸。在工業史上，麵粉廠、鋁製品廠因為空中的粉塵太多發生爆炸的事常有發生。

靜電是在摩擦中產生的，在乾燥的冬天用梳子梳頭，常常可以聽到劈劈啪啪的聲音，這是梳子和頭髮之間在放電；我們從地毯上走過去摸鐵門柄，常會在手指和門柄之間打一個火花。

眼界大開

　　靜電現象在我們的生活中也有許多可以應用的地方，例如靜電除塵。還有一種點煤氣灶用的「槍」，用手一扣扳機，前端「槍筒」上就打一個火花，點燃了煤氣灶。

　　煤氣槍裡有一種特殊的物質叫壓電體，扣扳機的時候對它產生了壓力，於是在這個物質的兩個表面上就會產生幾萬伏的高電壓，產生火花放電，這也是靜電的一種應用。

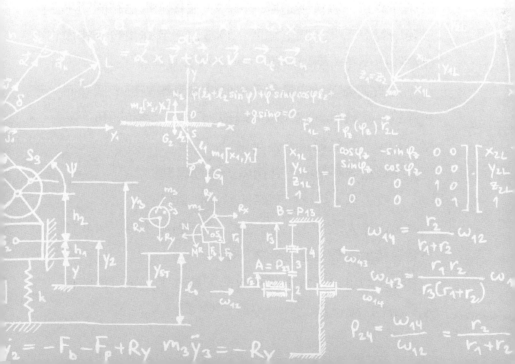

02 天然電池

在抗日戰爭時期，有一次，游擊隊得到一個祕密情報：敵軍的車隊下午將通過村前的大橋。

隊長立刻決定，在敵軍到達時炸死他們。

游擊隊的隊員聽完之後士氣高昂，大家表示一定要重創侵略者。他們迅速把炸藥埋在橋下，將引爆用的電線從炸藥包一直拉到遠處的橘林，並接上電池和開關。只要一聲令下，便闔上開關，將電流送到炸藥包，在那裡會跳出火花，引爆炸藥。

為了這次戰爭的勝利，他們一遍遍檢查每一個介面和線路。當檢查到電池時，發現因天氣太潮而漏電，電壓不夠了。空氣頓時緊張起來。

前功盡棄嗎？不！幾個戰士主動請戰：

「我去橋下埋伏，到時間點燃炸藥包。」

「這樣太危險！」隊長說，「不到萬不得已，我們不能這樣做。想想還有什麼辦法……」

隊長的目光無意中落在眼前的橘林上，黃澄澄的橘

子掛滿樹枝。這是老百姓的果實，絕不能讓敵軍們掠奪。他想著想著，忽然眼前一亮，大聲說：

「有了！大家摘12顆大橘子，要酸的，我們用橘子引爆！」

「用橘子引爆嗎？」

「對。橘子可以做成電池，現在我們只有這個辦法了。還得預備幾塊銅片、幾塊鐵片，要打磨得亮亮的。」

大家很快準備就緒。一個人負責一顆橘子，隊長負責橘子之間的聯結。

敵軍車隊一到，隨著隊長的一聲高喊，大家同時把自己手裡的銅片和鐵片平行地插到橘子裡去。只聽「轟」的一聲巨響，引爆成功了，敵軍車隊損失慘重，游擊隊又獲得了勝利。

勝利回村的路上，許多戰士都跑到隊長的面前要問個究竟。

隊長笑著說：「電池就是化學電源，它是利用化學變化而產生電流的。只要把不同的金屬，例如銅片和鐵片，放在酸溶液，或鹼溶液，或鹽溶液中，這就是一個電池，可以向外供應電流。但它過一會兒，電流就會減弱，這是因為在化學變化中金屬片上會產生一些氣泡，進而阻擋了電流的通過。如果能及時把氣泡除去，便又可以發電了。」

隊長為了保險，安排了12顆橘子，分為3組，每組4顆，4顆串聯，3組再並聯。

你可以做個水果電池，看能否把小電珠點亮。

知識點睛

磁感強度B與垂直於磁場方向的面積S的乘積叫做穿過這個面的磁通量。定義式為：$\phi = BS$。

眼界大開

水果電池怎樣製作呢？

找一些銅片和鋁片，再剪一些比銅片和鋁片大一些的紙片在醋裡浸一下。在一個鋁片的上面放一個紙片，在紙片上放個銅片，一個簡易的化學電池就做好了，銅片是正極，鋁片是負極，浸濕的紙片就是電解質。不過，這樣的一個「電池」產生的電實在太微弱了，只能用靈敏的電錶測到。

如果把許多這樣的「小電池」疊起來，讓一個「電池」的鋁片放在另一個「電池」的銅片上（這時鋁片和銅片之間不要放紙片），這時產生的電流就強了一些，幾個「電池」疊起來就能點亮一個發光二極體（一種通過很小電流就能發光的半導體元件）。如果很多這樣的

電池疊起來，電流就會很強了。

　　也可以把銅片和鋁片插進一些蔬菜水果裡，如插在番茄、檸檬裡，這樣就可以做成一個有趣的「水果電池」。

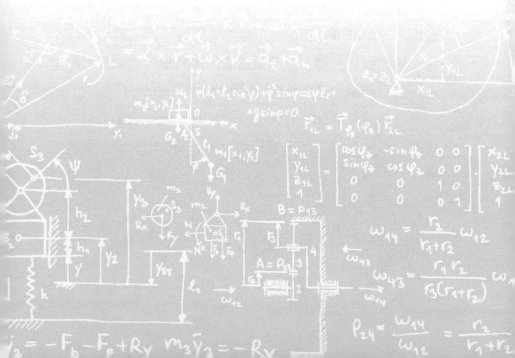

03 不安全用電的後果

那一年，小柳研究生畢業，來到研究所工作。他興高采烈地搬進了宿舍，到了該吃午飯的時候了，這天煤氣罐沒有送來，他急中生智，拿出剛買的電磁爐，這個電磁爐有3000瓦，插上插銷，還好，沒有燒斷保險絲，飯一會兒就做好了。

他知道這個電爐功率太大，在原來住的樓上根本不能用，一用就燒斷保險絲，整個單元幾十戶人家都受牽連。他知道居民樓不該用電磁爐，因為樓內的電線不夠粗。轉念一想，這是新樓，馬馬虎虎吧……

已是萬家燈火的時候了，他又開始做晚飯了，可惜這次沒有中午幸運，電爐剛插上，「啪」的一聲，保險絲斷了。樓道裡一片漆黑，接著是一片喧嚷：

「誰家用電爐子了？」

「晚上各家都用電，電線負荷本來就重，再用電爐哪能受得了？」

小柳非常不好意思，趕忙拔下插銷，不敢再用了，

只好下樓買了點零食隨便吃了。當他回家時,不知誰已經換了保險絲又來電了。

晚飯沒做成,小柳一直不甘心。他想:3千瓦太大,我改小一點不就行了?小電爐子照樣發熱做飯,只是時間長一點罷了。對!說做就做,他把電爐絲從耐火材料的底座裡輕輕取出來,把全部電爐絲伸開擺成個「之」字。每一段大約是總長度的1/3,剪掉2/3多一點,剩下不到1/3,不就變成小電爐了?不到1千瓦,也許是900瓦呢!他想好,動手剪開,又把電路連好,小心翼翼地把這不到1/3長的電爐絲安到耐火底座的溝槽裡。

他不敢馬虎,又仔細檢查一遍,電路沒錯,心裡踏實了。

「這下應該沒有問題了!」他放心地把插銷插到電源插座裡……

結果怎樣呢?竟然引起了一場火災,好端端的新樓燒得一塌糊塗,小柳無法逃脫應得的懲罰。

小柳研究生畢業,居然犯下這種幼稚錯誤,他以為電爐絲截短了,它的電功率會隨著電阻的變小而變小,事實恰恰相反。

中國家用電源都是220伏特電壓的照明電源。在電壓不變的條件下,電爐絲的電阻越小,通過它的電流強度就越大;而電功率是電流強度與電壓的乘積。

173

　　所以在電壓不變時，電功率與電阻正好成反比。小柳將電阻減到1/3以下時，電爐子的電功率將為3倍以上，也就是9千瓦以上！更能把保險絲燒斷了。

　　偏不湊巧，剛才燒斷保險絲後，大家都找不到保險絲，最後有人提議暫時換根銅絲應急吧。結果用了一根粗銅絲代替保險絲接上去了。

　　這粗銅絲即便是非常強的電流也不容易把它燒斷。小柳接通電爐後，強電流通過牆上的電線，很快把電線的絕緣外皮燒化了，把電線燒紅了，電線周圍的木、紙、布等易燃物被引著了，頓時火光四起，越燒越旺，損失慘重。

　　如果當時不是換粗銅絲而是換保險絲，火災肯定可以避免，但也無法避免大樓再次斷電。

知識點睛

　　當電路發生故障或異常時，伴隨著電流不斷升高，並且升高的電流有可能損壞電路中的某些重要器件或貴重器件，也有可能燒毀電路甚至造成火災。

　　若電路中正確地安置了保險絲，那麼，保險絲就會在電流異常升高到一定的高度和一定的時候，自身熔斷切斷電流，從而起到保護電路安全運行的作用。

　　最早的保險絲於一百多年前由愛迪生發明，由於當

時的工業技術不發達白熾燈很貴重，所以，最初是將它用來保護價格昂貴的白熾燈的。

　　保險絲保護電子設備不受過電流的傷害，也可避免電子設備因內部故障所引起的嚴重傷害。因此，每個保險絲上皆有額定規格，當電流超過額定規格時保險絲將會熔斷。

　　當介於常規不熔斷電流與相關標準規定的額定分斷能力（的電流）之間的電流作用於保險絲時，保險絲應能滿意地動作，而且不會危及周圍環境。

　　保險絲被安置的電路的預期故障電流必須小於標準規定的額定分斷能力電流，否則，當故障發生保險絲熔斷時會出現持續飛弧、引燃、保險絲燒毀、連同接觸件一起熔融、保險絲標記無法辨認等現象。當然，劣質保險絲的分斷能力達不到標準規定的要求，使用時同樣會發生危害。

眼界大開

　　常用的滑動變阻器就是依靠改變導線的長度達到改變阻值的目的；它僅適用於溫度一定、粗細均勻的金屬導體或濃度均勻的電解液。

04 可愛的出氣磚

余文是個鐵杆球迷，在世界盃期間，每場都不落下，隨著比賽的進行，他又喊又跳，又急又笑。這個足球迷，迷得有些不正常了。

「看，有了齊達內，看著就舒服，我早說過法國隊一定能打贏⋯⋯好小夥子，不愧獲那麼多大獎⋯⋯進了！太棒了⋯⋯法國隊的守門員真有能耐？哈⋯⋯」

可是沒過多久，形勢急轉直下，義大利隊大展雄風，連進三球！

「臭！怎麼不把球擋住⋯⋯哎，守門員吃錯藥了？你有吃飯嗎？回家抱孩子去吧！踢這什麼球⋯⋯」話雖這麼說，他還是希望下半場法國隊能反敗為勝。

下半場開始了，場上比分3：1，義大利隊領先。余文急得坐立不安，抓耳撓腮。法國隊一個隊員帶球連過3人，動作太漂亮太熟練了，轉眼已到離對方球門5公尺的地方。時機來到了，他提腳射門，球直衝大門飛去，眼看要成功，可惜高了一點點，球緊挨著門梁飛出界外，

太可惜了，場內一片惋惜聲。

余文這下可受不了了，一邊罵著一邊順手摸起身旁小桌上的東西就朝電視機砸去。剛一出手，他後悔了，這部彩電是節衣縮食才買來了，砸壞了怎麼向妻子交代？電視機會不會爆炸？腦子裡迅速閃過許多念頭。說時遲，那時快，砸過去的東西正好碰在電視機的螢幕上！余文嚇得看都不敢看，腦海裡出現一個念頭：等著人挨罵吧。

奇怪！怎麼沒聽到砸碎的聲音？怎麼屋裡變得一點動靜也沒有了？他睜眼一看，電視機沒壞，地下竟是一塊磚頭！是做夢吧？不是。他仔細看看，這是怎麼回事啊，用磚頭砸電視機沒有砸壞嗎？這時，他也困得厲害，沒有多想就爬上床睡覺了。

第二天，妻子衝他直笑，余文忍不住問她，她說：

「夜裡看球賽出氣了吧？以後可以使勁砸電視機！」

「……那磚頭是怎麼回事？」

「這是電視機專用出氣磚！」

余文想起那磚從外形上看真像一塊磚頭，但實際上比磚輕而軟。

他又問：「為什麼一砸，電視機就關了呢？」

「磚裡面有一些電子元件，當它擠壓電視機時，能發出信號讓電視關機。」

呵呵，以後可以使勁去砸了，這樣想著，他走到妻

子身邊，問道：「這個電視機專用出氣磚是怎麼回事啊？」

妻子笑著說：「『出氣磚』裡有壓敏元件，它一受到壓力，電阻值就發生變化，從而影響電路中的電流，這樣就把壓力變化的信號用電流的變化傳送出去。另外還要有將微弱電流信號進行放大的電路，還要有使電視機切斷電源的發射電路，當然還要有自用的電源——紐扣電池。」

「類似於你這樣的球迷用『出氣磚』砸到電視機上以後，由於看不到圖像，一般會從狂熱狀態中清醒過來。對於那些容易過分激動的球迷來說，『出氣磚』稱得上是個好幫手。」妻子說。

知識點睛

電阻和電阻率的區別：電阻反映導體對電流阻礙作用大小的性質，電阻大的導體對電流的阻礙作用大；電阻率反映製作導體的材料導電性能好壞的性質，電阻率小的材料導電性能好。

也就是說，導體的電阻大，導體材料的導電性能不一定；導體的電阻率小，電阻不一定小，即電阻率小的導體對電流的阻礙作用不一定小。

 眼界大開

　　常用電阻器：電位器、實心碳質電阻器、繞線電阻器、薄膜電阻器、金屬玻璃鈾電阻器、貼片電阻SMT、敏感電阻、合成碳膜電位器。

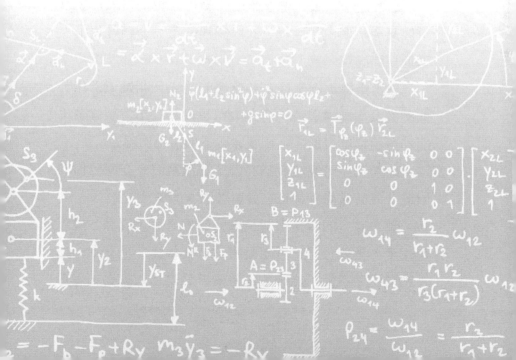

05 微波爐誕生

美國雷西恩公司有個做雷達起振的實驗室，這裡聚集了許多有名的工程師，有位名叫珀西、斯潘塞的工程師對雷達起振的實驗非常投入。一天，他的同事看到他胸前的衣服裡滲出暗黑色的液體，就慌忙告訴他：「你怎麼受傷了？上衣口袋那兒有血流出。」

珀西用手一摸，濕乎乎的，臉色立刻變得煞白。可是他又突然明白了，是上衣口袋裡的巧克力糖融化了，真是一場虛驚。

珀西走進更衣室換了件乾淨的襯衣又開始了工作，他邊換衣服時邊思考：巧克力糖是固體的，怎麼會融化呢，再說溫度很低，為什麼會有這種情況出現？

珀西正在研究波長為25公分雷達電波在空間分佈的狀況，此時雷達天線正在發射著強大的電波。

剛才發生的事情引起他極大的好奇心，忽然，靈感產生了，他明白了，肯定是雷達波在作怪。世界上的物質都是由帶電粒子組成的，電磁波是變化的電場和磁場

組成的。電磁場的方向不斷地變來變去，巧克力內部的分子來回振盪，分子彼此激烈地碰撞產生熱量，溫度升高，巧克力便融化了。

珀西想：在鍋裡煮一個雞蛋或一塊肉的時候，熱量是從外面慢慢傳進去的。外面的蛋清已經煮老了，裡面的蛋黃還沒有太熱，為了把整個雞蛋煮熟，就要延長加熱時間而浪費許多熱量。

如果用雷達波加熱食物，每一小部分都在電磁波的作用下同時熱起來，並不需要熱的傳導，因此非常省時。想到這裡，珀西就立即動手製作了一個用雷達波烤肉的灶具，微波爐由此誕生了。

知識點睛

微波不僅用來加熱食物，築路工人已經用它來加熱鋪路的柏油。美國哈威實驗室在研究一種拆除原子能反應堆混凝土建築的方法，由於有放射性，不允許揚起一點灰塵，科學家想到了用微波加熱混凝土中含的水分，水在變成水蒸氣的過程中膨脹，就會使混凝土炸開。在此過程中不會產生任何灰塵。

眼界大開

微波的主要特點是它的似光性、穿透性和非電離性。似光性——微波與頻率較低的無線電波相比,更能像光線一樣地傳播和集中;穿透性——與紅外線相比,微波照射介質時更容易深入物質內部;非電離性——微波的量子能量與物質相互作用時,不改變物質分子的內部結構(只改變其運動狀態)。

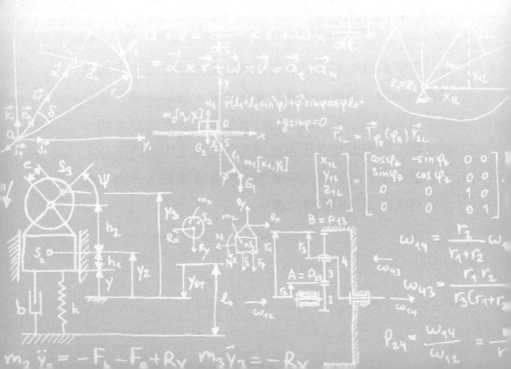

06 未來的新能源

從前，有個美國駐某國大使館的工作人員時常感到身體不舒服，經過醫院的檢查也始終找不出任何病。他們想，也許是水土不服吧！於是美國做出決定：讓大使館的工作人員輪流定期回國休養。

有一次國內派來了一位電子專家對使館內的電子設備進行例行檢查。他偶然間發現有一束微波每天定時照射這個大使館，大使館的工作人員身體不適正是由於受到過量的微波照射才產生的。

原來，大廳牆上的一個木雕雄鷹是微波照射的目標。鷹是美國的象徵，是大使館所在國家為了表示友好送給美國大使館的，送來後就一直掛在這個會議大廳裡。

電子專家拆開木雕才發現，裡面有個極小的竊聽器，因為竊聽者沒有機會給它更換電源，這個竊聽器沒有電源，實際上也不可能裝電源，它的能量全是由一束微波送來的。當微波束照射這個木雕像時，竊聽器便開始工作，並把大廳中的聲音由一束微波送回去。電子專家不

得不感歎這種設計的巧妙。

自從人們發現微波能傳送能量之後，於是，有人就大膽地設想：如果把這個思想用到空中飛行的飛機上，飛機就可以從地面射來的微波束中得到能量。

1987年9月就實現了這個夢想，第一架無人駕駛的微波飛機在加拿大渥太華郊外的上空悠然自得地盤旋，它的能量來自飛機肚子下面的圓盤天線，一個像電話亭大小的發電機組把能量通過微波送上天空，飛機接收到微波後，再轉化成電力驅動螺旋槳。未來的微波飛機可以不著陸地環球飛行，部分代替衛星的工作，不過要每隔一、二百公里設一個微波發送站。

許多的物理學家都夢想著有朝一日能用微波的能量把太空梭送上天空，因為一個太空梭並不是很重，用微波發送可以節省20倍的經費。

知識點睛

預計在不遠的未來，人類將在月球與地球之間建立一個大型太空城。太空城由於能充分利用太陽能來發電，所以向地球出口的貿易中電力占主要成分，向地球輸送電能的最好方法是通過微波束。

當然飛機或生物穿過微波束的時候會受到嚴重損害，不過地球上有許多荒無人煙的沙漠，在那些地方建立微

波接收站就可以避免意外事故的發生。

 眼界大開

　　微波的能量也被用於戰爭。高功率微波武器又稱射頻武器，它利用釋放出的高功率微波脈衝能量，破壞或燒毀敵方的雷達，可使敵方飛機的航空電子和瞄準系統失靈，也能使巡航導彈、雷達制導導彈、火控電腦等電子設備失靈，甚至還可以損傷作戰人員，使其喪失作戰能力。

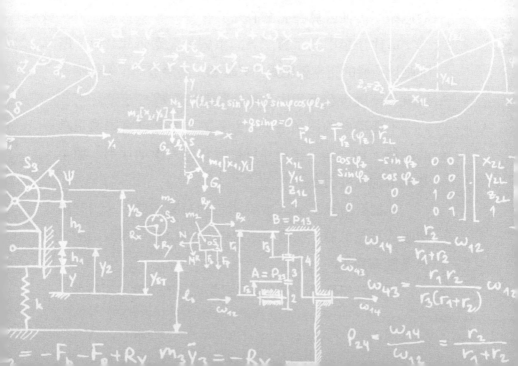

07 戰勝癌症的新武器

大衛是位工人，平時身體很結實，在一次體檢中查出他患了癌症。命運好像和他開了個玩笑，他是家裡的頂樑柱，他倒下了，全家人該怎麼辦。

緊接著，他的病加重了，一直高燒不退，絕望的家人都為他準備後事了。幾天幾夜過去了，他又奇蹟般地活過來了，並且癌腫完全消失了。

這件怪事引起了醫學界的重視，經過研究發現：癌細胞比一般的正常細胞對熱更敏感。高燒殺死了癌細胞，這就是高燒後在癌症病人身上發生的奇蹟。

不過溫度的控制是十分重要的，不然就會損壞正常的細胞。1975年，德國科學家佩蒂克大膽地採用一種全身麻醉加熱的方法。

他把麻醉後的病人放到50℃的石蠟液體中，同時讓他吸入高溫氣體，使體內達到41.5～41.8度，據說治癒了很多腫瘤病人。

經過研究發現，有的癌細胞要更高的溫度才能殺死。

例如：用熱殺死腦癌的溫度閥值是43.5℃。但是人體不能長期處在這樣的高溫下，應該有一種局部加熱的辦法才行。科學家想到微波加熱的原理，但是把整個人放在微波下烘烤，是非常有害的。

後來想到，把微波輻射器做得很細很小，再送到有腫瘤的部位，這就是先進的微波介入治療法。

對於肝癌的病人，醫生先用超聲儀器判斷腫瘤的位置，精確地引導探針穿刺到病變的部位，再植入微波輻射器，利用微波產生的熱量消滅腫瘤細胞。

細小的微波輻射器可以從口腔中送到食道裡，這種微波發生器可以把食道中的癌細胞殺死，使堵塞的食道暢通。

對於前列腺腫大也可以用類似方法治療。還可以把極細的微波發生器送到血管裡燒去血管壁的多餘物質，使血管內壁變得光滑和富有彈性，目前在許多醫院裡已經可以進行上述手術了。

知識點睛

目前關於手機微波對人體的危害正在研究，手機在接聽電話時靠近大腦，會對大腦有加熱作用，許多科學家認為對大腦有害。

現在有人提出用微波代替居室內暖氣加熱的設想。低量的微波對人體無害，只能穿透人體皮膚的淺層，但是能使人感到溫暖。由於傢俱不吸收微波，仍然是冰冷的，可以在傢俱的表面塗上吸收微波的材料，使沙發等的表面溫暖宜人。

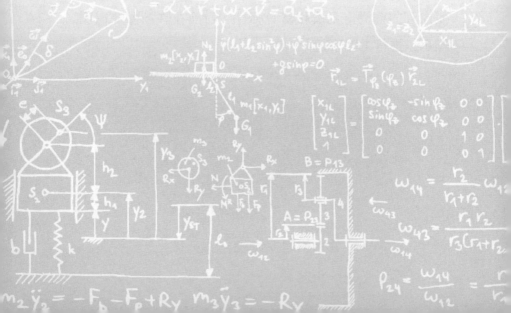

08 進入一個超導的世界

開學了，九月的天空高而藍，孩子們在這美好的季節裡迎來了一個新的學期。

下午，趙老師走進課堂，用一段精采的話作為這節課的開端：「21世紀，我們如果能獲得在室溫下具有超導能力的材料，那麼我們將進入一個超導的世界。同學們，你們想像下超導的世界是什麼樣的？」

關利說：「令人煩惱的電阻會消失，田野裡將沒有高壓電線，因為超導輸電線沒有電阻，所以不需要高壓輔電，100伏的直流電壓就可以從發電廠送到住宅，這樣會很安全。由於電力在輸送過程中絲毫沒有損失，所以電力能被送到任何地方，送到窮鄉僻壤。

「電力的儲存是人類的夢想，目前的方法是在夜晚沒有用戶用電時，關掉發動機組或用水庫蓄能。在電力過剩的時候，用電力帶動抽水機把水送到高處變為水的機械能。在電力使用高峰，讓水帶動水輪發動機，把儲存的機械能再變成電能。但是，這種方法造價高、效率

低。利用超導線圈儲存電能是最理想的。超導線圈也沒有電阻，線圈中的電流一旦通入就會永遠在裡面流動，以磁能的形式儲存。電力變得很容易儲存，也非常容易提取。」

小雪說：「也許未來街上跑的都是電動汽車。驅動電動汽車的也不是電池，而是一個體積很小的超導線圈，在這個線圈裡儲存著強大的磁能。線圈的磁能轉變成電能供給汽車發動機的運行。磁能用完了，可以迅速地補充。作為汽車動力的超導電動機體積比現在的小一半還多，但是力量很大。」

歐陽俊傑說：「因為超導電磁鐵不會發熱，可以通入強大的電流，產生極強的磁場，所以使許多東西大為改觀：磁懸浮列車將很容易製造，乘上磁懸浮列車，不到半個小時，從北京就可以到達天津。乘客的時間主要是花費在進出車站上。」

「未來的超導使我們有了廉價的強磁場，醫療儀器將大為改觀：超導核磁共振可以診斷出極小的腫瘤，由於構造簡單檢查費用大大降低，患者像驗血一樣可以隨時檢查。利用強磁場可以引導帶有磁性的藥物到指定的身體部位消滅癌細胞或其他的病菌。心磁圖儀、腦磁圖儀可以檢查出微小的病變。超導量子干涉器件甚至可以對大腦的思維進行檢測，揭開大腦思維之謎。」蔡巍說。

　　趙老師說：「大家的發言都很精采，但上述的事情不是幻想，從原理上說都已經實現，只是目前獲得超導尚需要較低的溫度，費用較高，設備也嫌笨重。目前說的高溫超導也是相對液態氦的溫度而言。」

 **知 識 點 睛**

　　第一個發現超導現象的是荷蘭物理學家昂納斯，1911年，他在很低的溫度下發現隨著溫度的降低，水銀的電阻越來越小，到了4.15K時（K是絕對溫度，絕對零度為-273.16℃）水銀的電阻不再緩慢地減小，而是突然一下子降到了0。這說明，在4.15K（-269.01℃），水銀進入到超導態。

眼界大開

　　要想使用超導體做什麼事，得把它「埋在」超低溫的液體氦之中。可是液體氦的價格昂貴得驚人，不僅它本身難於製造，就是製造裝它的容器都不容易。人們很明白，沒有高溫超導材料，超導性能再寶貴也只能望洋興嘆。

09 無形的力量——磁力

晉代有位大將馬隆，少年時的他就有智有謀，敢作敢為，後來經過他人的推薦，讓他成為朝廷中一員良將。

晉武帝司馬炎即將討伐長江以南的吳國，不料西方涼州的古羌人將朝廷的命官打敗了，佔領河西地方。武帝一籌莫展，在朝上歎道：

「誰能為我討伐羌人，收復涼州呢？」

此時的文武官員都知道羌人的厲害，沒有一個人敢吱聲。這一刻馬隆走上前，請求武帝給他三千勇士以平涼州。武帝立馬答應他的條件，並封他為武威太守。

許多大臣反對馬隆另外募兵，有的官員還將三國時留下的過時兵器給他。

馬隆一意孤行，毫不畏懼，在武帝支持下招募勇士，不到半天就派來3500人。武帝又給他三年的軍費。在西元279年，他率兵向西出發了。

羌人派出了萬餘名兵卒圍截馬隆，他們的首領名叫

權才機能，他想了辦法，利用古羌人的地理優勢阻擋馬隆的前進，並且在有些隱蔽的地方設下埋伏，聲勢浩大，真是不可一世。

馬隆臨陣不懼，按諸葛亮的八陣圖對陣。在寬闊的地方，就以鹿角車（將帶枝的樹木削尖，放在車上，叫鹿角車）開路；在狹窄的地方，就在車上放置一個木屋擋住敵人的視線，邊戰邊向前進。馬隆充分運用部下的弓箭，使他們的弓箭所到的範圍內，敵人死傷慘重，這一招讓敵人的士氣大大下降。

有一天，馬隆來到遍地有磁石的地方。他忽然心生一計，打算以謀略取勝。選好地形，馬隆在狹窄的山口兩旁堆滿磁石。羌人身披鐵鎧，在走近時，將受磁石感應而被吸引，自感行動反常，似有無形的手在拉他，以為神力起作用。而馬隆部下在戰前都已經脫下鐵鎧換上犀甲，磁石無法吸引皮革，他們的行動就不會受到阻礙。

馬隆率兵去攻打羌人，羌人騎馬大舉反攻。馬隆佯裝敗退，羌人在經過一個狹窄的山口時，他們都像遇見了魔鬼樣，無法走出山口。羌人這時感到行動困難，好像有許多無形的手在拉他們。那時文化落後，人都很迷信，不知誰喊了一聲：「不好！馬隆有神明相助。」

剎那間羌人亂作一團，紛紛後撤，退出山口。馬隆見時機已到，一聲令下，進行反攻，殺傷無數，從此為

朝廷平定了西涼。

知識點睛

　　使用磁鐵小常識：磁鐵很脆，使用時要小心，若掉在地上很容易被摔斷。磁體存放的位置不要靠近火邊；在使用時要儘量減少碰撞，以防磁性過早減弱。

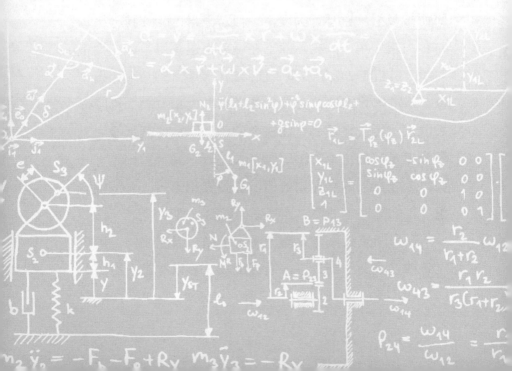
眼界大開

　　磁鐵有兩極，具有同名極相斥、異名極相吸的性質。

10 只進不出的黑洞

物理課上，朱老師向同學們提出一個問題：「世界上什麼東西最黑？」

孩子們都是爭先恐後的舉手，李昊說：「黑布、黑絲絨還有鍋底上的煤煙。」

老師說：「坐下，呵呵，同學們好好聽我講，如果一個物體能把照在它上面的光線全部都吸收掉，這個物體就算得上是最黑的。但是實際上，無論是黑色的絲絨還是鍋底的煤煙，都能反射很少的入射光，它們不是最黑的東西。」

「在宇宙中最黑的星體叫做『黑洞』。黑洞被定義為宇宙中具有超高密度的區域，它的引力極強，以至包括光在內的任何物質只要進入都無法從中逃逸。」朱老師說。

朱老師分析：「光線只進不出，所以黑洞是看不見的，它不發光也不反射光。宇宙中的黑洞是一顆『死亡』的恆星，一顆品質比太陽大10倍的恆星，在耗盡了內部

的『燃料』以後，就會坍縮為直徑只有60公里左右的黑洞。因此黑洞的密度相當大，它上面的一粒沙子，比地球上的喜馬拉雅山還要重。」

「黑洞既然不發光也不反射光，那麼天文學家是用什麼方法發現它的呢？」老師再一次提問，這次同學們都沉默了，他們都用期待的眼神等待老師的答案。

朱老師說：「其實，當黑洞周圍的氣體、塵埃在巨大的吸引力作用下，迅速地進入黑洞的同時，由於運動速度極大，溫度很高，所以會發出X射線。雖然這種X射線不是黑洞直接發出的，但是它暴露了黑洞的存在。天文學家就利用這種方法推斷黑洞的位置。在X光圖像中，氣態物質都被吸引到高密度天體周邊呈螺旋形由兩個方向向中心靠攏，高溫氣體接近高密度天體時就突然消失，其X圖像表現為發亮的碟形中央有一黑點。」

「同學們都懂了嗎？」

「懂了。」孩子們齊聲回答道。

 知識點睛

黑洞這個詞是由美國物理學家惠勒在20世紀60年代首先使用的。

眼界大開

　　整個自然界是由不斷運動著的物質所組成，絕對靜止的物質是不存在的。物質運動必然會產生磁場，天體和磁場是不可分割的整體，只要天體存在，它周圍就一定有磁場存在。

　　各類物質結構由於運動方向的不同、運動速度的差異，會產生無數大小不一、強弱不同的磁場漩渦，這種磁場漩渦就是神祕的「黑洞」。

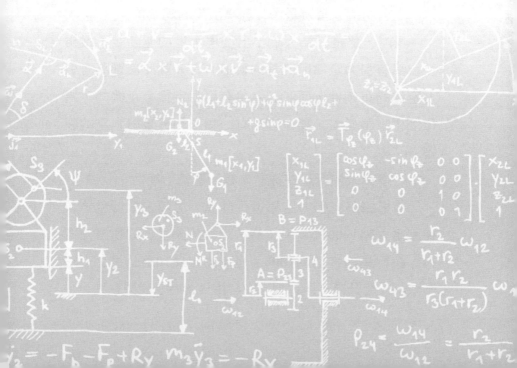

11 用科學預言

19世紀50年代，法國的天文學家勒威耶已是聞名世界的學者。一天，一位記者來到他家中做採訪：「勒威耶先生，最近您預言離太陽最近的水星軌道裡面還有一顆行星存在，是嗎？」

「是的。」

「您的這一預言是由什麼事引起的呢？」

「噢，那是因為人們早已發現水星的運動並不嚴格符合萬有引力定律所計算的軌道。有人就此懷疑萬有引力定律的正確性，而我認為萬有引力定律是正確的，為什麼會出現偏差，那是因為有一顆未知行星對水星的影響。」

「這顆未知行星在你看來是什麼情形呢？」

「根據萬有引力定律進行計算，這顆未知行星應該在距離太陽1900萬英里（約合3060萬公里）的軌道上運行，該行星的直徑為1000英里（約合1610萬公里）。它同太陽一起升落，所以只有在發生日食時才能觀察到。」

「那麼這顆未知的行星叫什麼名字呢？」

「因為它離太陽很近，表面溫度一定很高，所以我給它命名叫火神星。」

記者採訪一結束，就立即向人們報導：

「勒威耶算出太陽系有顆火神星，請大家拭目以待。」

1846年，那位元記者再一次採訪勒威耶。

「勒威耶先生，聽說你又預言了一顆未知的行星？」

「是的。」

「這又是從何事引起的呢？」

「在1781年，英國天文學家赫歇爾發現了離太陽最遠的行星，命名為天王星，後來人們發現天王星的運動也不嚴格符合萬有引力定律所計算的軌道。有人就懷疑萬有引力定律的正確性，而我認為出現偏差的原因是由於在它的外面還有一顆未知行星影響了它。」

「在你看來這顆未知行星是什麼情形呢？」

「根據萬有引力定律進行計算，它的軌道比天王星更遠，在最近幾天，如果望遠鏡對準天球上黃經326度處金瓶座黃道上的一點，在離開這一點大約1度左右的區域內，將能發現一顆新的星，它的亮度接近9等星。」

「這顆未知的行星叫什麼名字呢？」

「我給它取名為耐普丘，這是羅馬神話中的大洋之

神的名字。」

記者立即向人們報導：「勒威耶又算出太陽系有顆新行星耐普丘，請大家拭目以待！」

勒威耶用同樣的理論、方法，試圖解答類似的行星運動軌道異常現象，從而預言了兩顆未知行星的存在。

根據給後來人們的觀察，勒威耶預言的火神星一直沒有被觀測到。對水星運動軌道的異常現象，後來愛因斯坦的相對論對此做出了圓滿的解釋。

勒威耶預言的耐普丘，很快就由柏林天文台在他預言的位置發現了。這顆行星的中文譯名就是海王星。

知識點睛

冥王星剛被發現之時，它的體積被認為有地球的數倍之大。很快，冥王星也作為太陽系第九大行星被寫入教科書。但隨著時間的推移和天文觀測儀器的不斷升級，人們越來越發現當時的估計是一個重大「失誤」，因為它的體積要遠遠小於當初的估計。

此外，冥王星的行星身份也一直以來成了天文學家們爭論的焦點，這也是因為一直以來對行星沒有一個具體清楚的定義。

經過進一步觀測，發現冥王星的直徑比月球還要小，冥王星是目前太陽系中最遠的行星，其軌道最扁，以致

最近20年間冥王星離太陽比海王星還近。

從發現它到現在，人們只看到它在軌道上走了不到1/4圈，因此過去對其知之甚少。

根據國際天文學聯合會2006年8月24日通過的決議，被稱為行星的天體要符合三個主要條件：

1、該天體須位於圍繞太陽的軌道之上。

2、該天體須有足夠大的品質來克服固體應力以達到流體靜力平衡的形狀（近於球形）。

3、該天體須有足夠的引力清空其軌道附近區域的天體。

但是由於冥王星不滿足第三項，因此被「除去行星星籍」。

 眼界大開

海王星繞太陽運轉的軌道半長徑為45億公里，公轉一周需要165年。從1846年發現到今天，海王星還沒有走完一個全程。

海王星的直徑是49400公里，和天王星類似，品質比天王星略大一些。海王星和天王星的主要大氣成分都是氫和氦，內部結構也極為相近，所以說海王星與天王星是一對孿生兄弟。

12 相對論

玉林和亞如在明白了光速不變原理之後，姜老師說：「假設有一個火箭，以25萬公里／秒的勻速飛行，火箭裡面正中間有一盞燈，前面坐著一個男孩，後面坐著一個女孩，他倆與燈的距離相同。

你們坐在中間那盞燈的位置，並向他倆宣佈，當燈點亮時，誰看到燈光就立即舉手，那麼，在你們看來，誰先舉手呢？」

「當然是同時舉手了！」玉林回答得很堅決。

「光向任何方向傳播的速度不變，距離又相等，他們兩人應該同時看到燈光。可是還有火箭的速度……」亞如想得很周到，不過，周密的思考將使結論更為踏實。「火箭？大家都在火箭裡，又是勻速運動，誰也感覺不到火箭的運動，所以它在這個問題中沒有什麼影響。」玉林的思路也非常迅速。

「對，他倆同時看到燈光。」姜老師說的時候加重了同時二字，「注意，現在你們離開燈了，站到火箭外

面去了。當你們在火箭以外的一個地方，去看火箭中發生的事情，在燈點亮時，他倆還是同時舉手嗎？」

「同時，」還是玉林搶先回答，「光速不變，兩人位置不變，當然是同時看到、同時舉手啦！」

「不，老師問的是站在火箭以外去看火箭內的情況。我想應該注意『光速對任何人都是不變的』這條規律。火箭向前飛，就使坐在後面的女孩向燈剛發光時的位置靠近了，距離變小了，光傳播到她眼裡的時間也應該縮短，這樣看來，我們將會看到後面的女孩先舉手。」亞如慢慢地說了一番推論。

「亞如說得對，」玉林受到啟發，也想通了，「坐在前面的男孩被火箭帶著向前走，他遠離了燈剛發光時的位置，距離變大。光傳播到她眼中的時間也延長，所以她舉手晚。」

「你倆的意見一致，都是說飛船裡前後兩人不同時看到燈光。」姜老師說時加重了「不同時」三字，「那麼，他倆看見燈光到底是同時還是不同時呢？」

「應該同時，怎麼又不同時了？」玉林搶著說，可是得不出結論來了。

「到底是怎麼回事呢？」亞如也覺得好像自相矛盾。

姜老師說：「以前我們已經知道，對觀察者來說，物體的空間位置其實是相對的。比如，你坐在行駛的汽

車上，車內的觀察者說你是靜止的，位置不變，車外的觀察者別說你是運動的，位置隨汽車而變。現在我們又看到，對觀察者來說，時間也是相對的。火箭內的觀察者說女孩男孩同時看到燈光，火箭外的觀察者說女孩男孩不同時看到燈光。所以當你說『甲乙兩個事件是同時的』，它一定是在某個條件下才同時，而在另一條件下又不一定同時。無條件地說『同時』，是毫無意義的。

「總之，對於觀察者來說，空間、時間都具有相對性，這也是愛因斯坦的理論被定名為『相對論』的原因。

聽了姜老師的一番話，他倆才明白了其中的道理。

知識點睛

相對論是關於時空和引力的基本理論，主要由愛因斯坦創立，分為狹義相對論（特殊相對論）和廣義相對論（一般相對論）。

相對論的基本假設是光速不變原理、相對性原理和等效原理。相對論和量子力學是現代物理學的兩大基本支柱。

眼界大開

　　狹義相對論認為空間和時間並不相互獨立,而是一個統一的四維時空整體,並不存在絕對的空間和時間。在狹義相對論中,整個時空仍然是平直的、各向同性的和各點同性的,這是一種對應於「全域慣性系」的理想狀況。

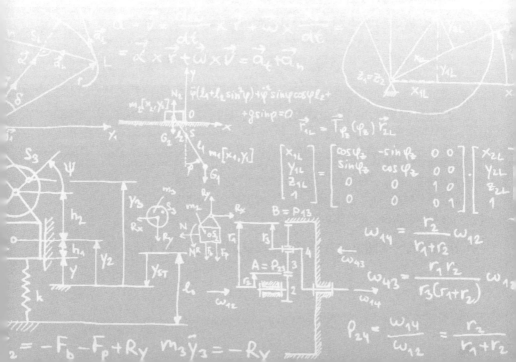

謝謝您購買 ＿＿＿＿＿＿＿**有關物理的那些事**＿＿＿＿＿＿＿ 與我們一起分享讀完本書後的心得。務必留下您的基本資料及電子信箱，使用我們準備的免郵回函寄回，我們每月將抽出一百名回函讀者，寄出精美禮物以及享有生日當月購書優惠！想知道更多更即時的消息，歡迎加入"永續圖書粉絲團"

您也可以使用以下傳真電話或是掃描圖檔寄回本公司電子信箱，謝謝！

傳真電話：（02）8647-3660　　電子信箱：yungjiuh@ms45.hinet.net

●請針對下列各項目為本書打分數，由高至低5～1分。

　　　　　　　5 4 3 2 1　　　　　　　　　　5 4 3 2 1
1. 內容題材　□□□□□　　2. 編排設計　□□□□□
3. 封面設計　□□□□□　　4. 文字品質　□□□□□
5. 圖片品質　□□□□□　　6. 裝訂印刷　□□□□□

●您購買此書的地點及店名＿＿＿＿＿＿＿＿＿＿＿＿＿＿＿＿＿

●您為何會購買本書？

□被文案吸引　　□喜歡封面設計　　□親友推薦　　□喜歡作者
□網站介紹　　□其他＿＿＿＿＿＿＿＿＿＿＿＿＿＿＿＿＿

●您認為什麼因素會影響您購買書籍的慾望？

□價格，並且合理定價是＿＿＿＿＿＿　　□內容文字有足夠吸引力
□作者的知名度　　□是否為暢銷書籍　　□封面設計、插、漫畫

●請寫下您對編輯部的期望及建議：

221-03
新北市汐止區大同路三段194號9樓之

 傳真電話：（02）8647-3660
E-mail：yungjiuh@ms45.hinet.net

培育
文化事業有限公司

讀者專用回函

有關物理的那些事

培養文化育智心靈的好選擇